U0213631

果蔬雕刻技法大全

〔日〕山田梨绘◇著　　　曾秀娟◇译

中国民族摄影艺术出版社

目录

4

前言

一刀在手，随时动手。水果雕刻，轻松掌握。

据称，水果雕刻最早始于泰国宫廷，为了装点华丽的餐桌，厨师开始对蔬菜和水果进行雕刻。泰国有很多面向水果雕刻爱好者开设的雕刻教室，新的技术和设计不断问世。

本书记录了源自泰国的正宗雕刻技术，选用一年四季不同的素材，内容丰富有趣。

有初学者需要掌握的基础雕刻手法，也有高级别的专业作品，所有讲解分步骤介绍，以飨读者。

如果可以一边做着水果雕刻，一边想象着家人和朋友看到自己端出的作品时那份惊喜的表情，整个雕刻过程都是一段非常幸福的时光！让您不知不觉地沉迷于雕刻之中。请来一起体会这种爽快的感觉，享受满满的成就感，把漂亮的作品送给最爱的人吧！

衷心祝愿这本拙作与您相遇，能给您的生活增添色彩，带去笑容。

山田梨绘

新年（1月1日）

女儿节（3月3日）

万圣节（11月1日）

圣诞节（12 月 25 日）

生日

婚礼

基础工具

雕刻必备工具以及刻刀的使
用方法。

雕刻工具

泰式刻刀

刀柄和刀套上都有精美的花纹。比普通刻刀的刀刃更薄。因为其刀刃有弯度，所以推荐给技术熟练的人士使用。

刀刃反面的尖头可以用来画下划线。网店产品丰富，各种刀刃长度和厚度的泰式刻刀都可以买到。

上网输入"泰式刻刀 雕刻刀"检索试试吧！

雕刻刀

雕刻刀的刀刃很薄，切痕很细，所以适合做细节。可以像画画一样，绘制一些非常精细的设计。刻刀刀刃虽然很薄，但不易弯，在切曲线或者用力切的时候也不会晃动，方便造型。购买雕刻刀可以去手工工具店，也可以上网订购。

水果刀

最初切割素材或需要大致做出形状时可以使用水果刀。出于安全性考虑，选择刀刃不易弯曲、刀柄用起来顺手、刀柄与刀刃紧密连接、接口不晃动的水果刀为佳。

模具

使用模具做初步造型。模具的样式很多，有梅花形、松树形等，可以灵活应用。使用模具的时候，把素材放在桌上，从正上方把模具按压下去即可。

水果挖球器

用于给水果去核和挖出球形果肉。把挖球器的前端圆勺部分插进西瓜或者甜瓜等水果的果肉里，旋转一下掏出来，就能得到一个完美的圆球。

基础工具

刻刀的使用方法

握笔式

雕刻作品时，最基础的工作就是切雕、拔挖、描绘细节，这些都要通过"握笔式"来完成。雕刻过程中可以通过将中指放在刀刃侧面来稳定刻刀。请如图确认手指姿势和手指的位置。

执刀手法

如图所示，这种执刀手法适合大面积的切雕。紧握着刻刀的刀柄，大拇指放在图中"○"的部位稍稍用力即可。要注意，另一只手要避开刀刃，以免受伤。

以手指作为支点

雕刻蔬菜或者水果的时候，重点是要以无名指作为一个支点来支撑。这样可以避免手抖，也方便调整刻刀与素材的距离，使雕刻过程更轻松。

基础造型

常见的造型和切雕步骤。

入门秘诀

想要雕刻出精品，最大的秘诀就是熟练掌握基础技巧。

　　本书中的作品都是综合应用基础技巧而完成的。

　　首先要反复练习基础技巧，达到轻松玩转刻刀的境界。

　　比如，"レ"形造型。第一刀垂直下刀，第二刀在第一刀切出的线条旁边倾斜下刀。要注意，哪怕第二刀只比第一刀深几毫米，也会影响到切口的美观度。

　　再如，水滴形和圆锥形造型，食材和刻刀要同时旋转，一气呵成。即使切口仅有一点偏差，也会损害作品的美观。

　　要出精品，先练基础。

　　多多练习不同宽度、深度的雕刻手法吧，加油！

"レ"形造型

难度 ● ○ ○ ○ ○

1

垂直下刀，切割的深度为 5mm。

2

描出心形轮廓。

3

将刻刀倾斜 45°，在心形轮廓的内侧入刀并进行切割，去除果皮和果肉。

4

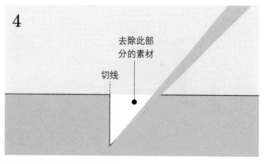

这是步骤 3 的图示效果。

5

切口第一刀是垂直的竖线，第二刀是一条倾斜的线，组合起来就是 1 个"レ"形造型。

6

重复雕刻后的造型。

"V"形造型

难度 ● ○ ○ ○ ○

图中的 3 条竖线就是挖 "V"形沟的位置。先刻中间的部分，刻刀要倾斜 45°，从竖线的左侧下刀。

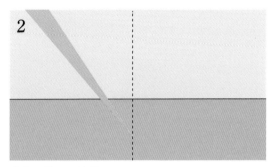

步骤 1 的图示效果。

然后再从相反方向下刀，也是倾斜 45°，和步骤 1 切出的沟交汇，去除沟内的果皮果肉。

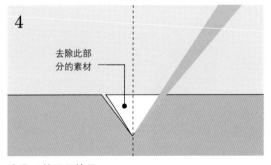

去除此部分的素材

步骤 3 的图示效果。

切出的沟壑是 1 个 "V"的形状。

重复挖 "V"形沟后做出的造型。

眼睛状造型

难度 ● ● ○ ○ ○

1

刻刀倾斜 45° 下刀，从左向右运刀，刻出 1 个半圆轮廓。

2

倒立素材，倾斜 45° 下刀，从左向右运刀，刻出另一个半圆轮廓，和步骤 1 刻好的半圆组合起来，去除中间的果皮果肉。

3

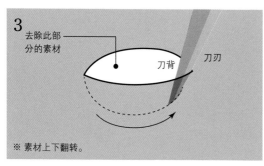

去除此部分的素材

刀背　刀刃

※ 素材上下翻转。

步骤 2 的图示效果。

4

因为这个造型的形状像 1 只眼睛，所以叫做眼睛状造型。

5

横向、竖向重复雕刻后做出的造型。

基本造型④
水滴造型

难度 ● ● ● ○ ○

刻刀向左倾斜，固定刀刃，刻1个"∪"的形状。以固定的刀刃为起点，刻刀旋转一下，刻出1个"U"字形。如图所示，刻刀向右倾斜。

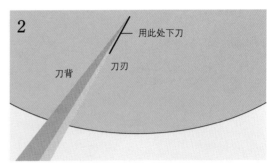

步骤1刻刀的说明。

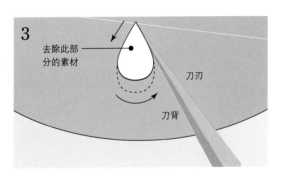

步骤1的图示效果。

接着前面的步骤继续运刀，刻出水滴形状，要注意保持角度的一致，最后去除水滴轮廓内的果皮果肉。

重复雕刻后做出的造型。

圆锥造型

难度 ● ● ● ● ○

1

刻刀倾斜 45° 下刀，固定刀刃。刻刀逆时针旋转，食材顺时针旋转。

2

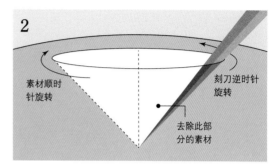

步骤 1 的图示效果。

3

刻刀旋转一周，起点和终点重合，去除中间的果皮果肉，1 个圆锥形就刻出来了。

4

重复雕刻后做出的造型。

方格子造型

难度 ● ● ● ● ○

1

刻出横线和竖线，深度为 5mm。

2

给内部的方格子去皮时，刻刀要从方格子一角的下方水平插入，轻轻地去除果皮。

3

去除了 1 块方格子上的果皮。

4

每隔一个格子去皮，做出方格子造型。

使用的蔬菜和水果

本书中的雕刻作品所使用的蔬菜和水果。

使用"苹果"雕刻

要点提示

使用苹果雕刻时，尽量选择熟透的红苹果，这样可以让红色的果皮和白色的果肉对比鲜明。另外，根据造型要求，尽量选择形状饱满、底座平稳的苹果。

要注意，苹果皮很薄，入刀时用力过猛容易导致果皮线条粗糙，影响作品美观。尤其是要做出细腻果皮设计的作品，就更需要注意下刀的力度，把握好运刀时的深浅。

苹果雕刻作品

烟花
难度 / ●●○○○
详见 P.112

花朵与钻石
难度 / ●●○○○
详见 P.114

桃心与水滴
难度 / ●●●○○
详见 P.117

桃心、花朵①
难度 / ●●●●○
详见 P.120

桃心、花朵②
难度 / ●●●●○
详见 P.123

中式风格
难度 / ●●●●●
详见 P.126

花型烛台
难度 / ●●●●●
详见 P.131

桃心串
难度 / ●○○○○
详见 P.143

苹果雕刻组合造型

用苹果搭建成圣诞树，放在白色背景的环境中，加上金色的配饰，更显时尚。

把苹果摆放在有一定高度的容器里，搭配上蕾丝垫，再加上一些小饰品的礼物盒，给圣诞节增添了不少乐趣。

苹果的大红色在一片银装素裹中分外醒目。苹果顶部还有精致的烛台设计，摇曳的烛光营造出颇具情调的氛围。

使用"西瓜"雕刻

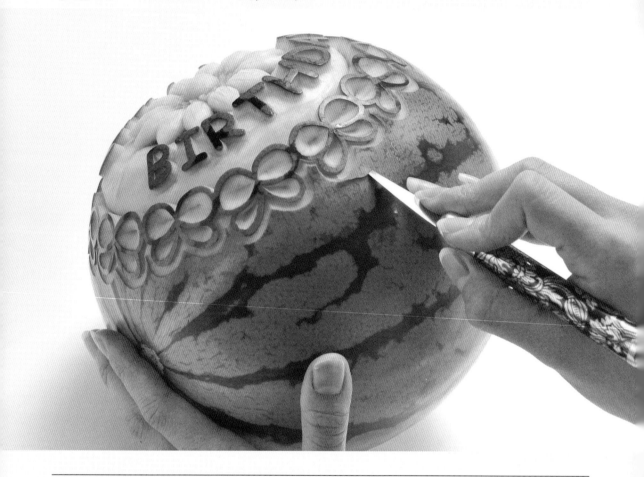

要点提示

使用西瓜雕刻时，要选择成熟了的西瓜。但彻底熟透的西瓜果肉不紧实，入刀后可能会出现大的裂缝。所以，挑选西瓜时可以通过拍打西瓜分辨声音，如果声音沉闷，说明熟透了，就不适合用来进行精细的雕刻。西瓜皮硬，运刀时要注意把握好深浅。

最适合做果雕的西瓜品种"Luna Piena"

冬季通常不出产西瓜，但是在日本也可以买到"Luna Piena"这个品种。此品种的西瓜一定是成熟了才收获，而且和其他品种相比，瓜皮比较柔软，下刀不容易开裂，雕刻时也很好上手，非常适合做果雕。再加上果肉颜色也很漂亮，所以推荐大家选择这款西瓜哦。

西瓜雕刻作品

生日快乐刻字
难度 / ● ● ● ● ●
详见 P.138

蛋糕造型
难度 / ● ● ● ○ ○
详见 P.144

西瓜碗
难度 / ● ○ ○ ○ ○
详见 P.148

大朵玫瑰
难度 / ● ● ● ● ○
详见 P.164

婚礼祝福西瓜
难度 / ● ● ● ● ●
详见 P.174

姓名缩写
难度 / ● ● ● ● ●
详见 P.178

迎宾西瓜
难度 / ● ● ● ● ●
详见 P.182

两人姓名刻字
难度 / ● ● ● ● ●
详见 P.185

新娘剪影
难度 / ● ● ● ● ○
详见 P.188

扇形主题
难度 / ● ● ● ● ●
详见 P.194

西瓜雕刻组合造型

每一个都堪称艺术精品，造型豪华，夺人眼球。可以用在婚礼的迎宾区进行装饰。

这是玫瑰花朵和扇形主题的精美作品。摆放在庄严的教堂一角，可以打造出美轮美奂的婚礼场景。

蛋糕造型色彩丰富，最适合用来庆祝生日了。放置在蕾丝餐垫上更显优雅。

使用"胡萝卜"雕刻

要点提示

如果胡萝卜去皮不彻底,时间长了就会发黑,所以事先要彻底去皮。为了防止胡萝卜变蔫后难以雕刻,要稍微洒点水,保持新鲜。如果作品要求颜色鲜艳,推荐选择红皮萝卜。而且这种萝卜很容易雕刻,可以用于平时练习,等熟练后再着手制作大型作品。

胡萝卜雕刻作品

 梅花①
难度 / ●○○○○
详见 P.42

 梅花②
难度 / ●○○○○
详见 P.43

 梅花③
难度 / ●○○○○
详见 P.44

 梅花④
难度 / ●○○○○
详见 P.46

 竹
难度 / ●○○○○
详见 P.47

 松
难度 / ●○○○○
详见 P.48

 蝴蝶
难度 / ●○○○○
详见 P.74

 胡萝卜南瓜灯
难度 / ●●○○○
详见 P.92

使用"樱桃萝卜"雕刻

要点提示

樱桃萝卜的皮、肉都很柔软,很适合雕刻。不过樱桃萝卜尺寸较小,建议在此之前先用胡萝卜或黄瓜进行练习。雕刻完成后,要浸泡在水中保持新鲜,但需要注意,泡水时间不要过长,以免脱皮。

使用"芜菁、白萝卜"雕刻

要点提示

虽然芜菁（俗称大头菜）和白萝卜的水分和硬度有所不同，但都可以用于雕刻白色作品。需要注意，因为白色的素材上很难分辨切口，可能导致看不清第一刀的刀痕，使第二刀下刀后没能和第一刀汇合。

切口的美观会影响到作品的完成度，一定要谨慎小心。

芜菁雕刻作品

芜菁毽子板
难度 / ●○○○○
详见 P.49

芜菁扇子①
难度 / ●○○○○
详见 P.54

芜菁扇子②
难度 / ●○○○○
详见 P.55

芜菁之鹤
难度 / ●●●○○
详见 P.56

芜菁之龟
难度 / ●●●○○
详见 P.58

樱桃萝卜雕刻作品

樱桃萝卜南瓜灯
难度 / ●○○○○
详见 P.95

樱桃萝卜作品①
难度 / ●●○○○
详见 P.151

樱桃萝卜作品②
难度 / ●●○○○
详见 P.152

樱桃萝卜作品③
难度 / ●●○○○
详见 P.152

樱桃萝卜作品④
难度 / ●●○○○
详见 P.153

樱桃萝卜作品⑤
难度 / ●●○○○
详见 P.153

樱桃萝卜作品⑥
难度 / ●●○○○
详见 P.154

使用 "橙子、葡萄柚、橘子" 雕刻

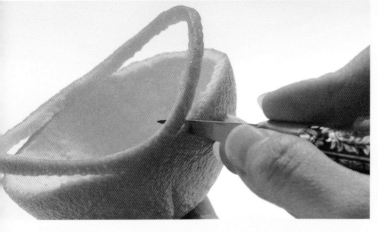

要点提示

雕刻对象主要是果皮,所以重点是要完美地取出果肉,尤其是果皮内侧白色纤维(橘络),如果残留过多,就会影响雕刻效果。因此要多花点时间做好准备工作。

橙子、葡萄柚、橘子雕刻作品

 橘子罐(带盖)
难度 / ●●○○○
详见 P.60

 橘子罐(不带盖)
难度 / ●●○○○
详见 P.64

 橙子篮子
难度 / ●○○○○
详见 P.82

 花朵雕花灯笼
难度 / ●●○○○
详见 P.102

 桃心雕花灯笼
难度 / ●●○○○
详见 P.103

 十字雕花灯笼
难度 / ●●○○○
详见 P.104

 三角雕花灯笼
难度 / ●●○○○
详见 P.105

 烟花雕花灯笼
难度 / ●●○○○
详见 P.106

橙子、葡萄柚、柚子雕刻组合造型

橘子罐精巧时尚,放入年节菜*的醋拌生鱼丝,色彩鲜艳地装扮起来。

*日本传统的新年菜肴之一。

这是系上丝带的橙子篮子。气质清新,女儿节或者各种派对上都能使用。

把各种花纹的橙子或者柚子南瓜灯摆放在一起,光影交织,打造美轮美奂的艺术空间。

使用"黄瓜"雕刻

要点提示

表面有很多疙瘩的黄瓜不适合雕刻,尽量选择比较光滑的。在雕刻树叶造型的时候,太细的黄瓜不利于轮廓的塑造,需要选用略粗的黄瓜。黄瓜是非常适合雕刻初学者使用的素材,推荐大家试试看哦。

黄瓜雕刻作品

 篮子(带提手)
难度 / ● ○ ○ ○ ○
详见 P.50

 篮子(不带提手)
难度 / ● ○ ○ ○ ○
详见 P.52

 树叶造型①②③
难度 / ● ○ ○ ○ ○
详见 P.76

使用"甜瓜"雕刻

要点提示

成熟的甜瓜不适合雕刻,建议选择底部较硬、还未飘香的甜瓜。虽然网纹皮的甜瓜也可以用于雕刻,但是有的作品还是不带网纹的果皮更能突显效果,所以建议选用不带网纹的甜瓜。

甜瓜雕刻作品

 甜瓜碗
难度 / ● ● ● ● ○
详见 P.84

使用"南瓜"雕刻

要点提示

烹饪用的南瓜不适合雕刻。万圣节南瓜皮软中空,适合雕刻。不过需要注意,万圣节南瓜是限定时节才有的素材。南瓜内部的种子要清除干净,否则很容易腐坏,一定要在雕刻前做好准备工作。

南瓜雕刻作品

万圣节南瓜灯
难度 / ● ● ○ ○ ○
详见 P.96

使用"草莓"雕刻

要点提示

成熟的草莓不适合雕刻,不能切雕出鲜明的线条,所以要选择较硬的草莓。此外,草莓的颜色和大小也参差不齐,要优选形状整齐、颜色均匀的草莓进行雕刻。

草莓雕刻作品

草莓郁金香
难度 / ● ● ○ ○ ○
详见 P.70

使用"彩椒"雕刻

要点提示

彩椒的质地柔软，非常适合雕刻。雕刻前要将彩椒浸泡在水中保鲜，因为稍微有一点不新鲜，作品的线条就会不鲜明。另外，彩椒籽也是不错的素材，如果处理得好，也能成为作品的一部分。

彩椒雕刻作品

彩椒郁金香
难度 / ●○○○○
详见 P.72

彩椒碟子
难度 / ●○○○○
详见 P.156

使用"西葫芦"雕刻

要点提示

西葫芦和黄瓜一样，可以用于雕刻树叶造型。这里为大家介绍的是能盛放樱桃萝卜的船形盘子造型。黄瓜籽很显眼，不适合用于白色作品的雕刻。西葫芦籽不那么明显，还可以给作品增添生动感。

西葫芦雕刻作品

西葫芦船形盘子
难度 / ●○○○○
详见 P.155

装点餐桌的花卉造型

用南瓜做的大丽花

日本的南瓜偏硬，一般不用于做雕刻，但放到微波炉稍微加热一下就行了。雕刻成花朵的造型再进行烹饪，造型不容易崩裂，还能给餐桌增添光彩。

用胡萝卜制作的玫瑰花篮

用胡萝卜雕刻成花卉，插到同样用蔬菜做成的篮子里，搭配出精彩的插花作品。如果是红色的彩椒，可以切除一部分，把花卉造型从切口插进去，这样的作品摆放在玄关绝对美如画。有客来访时，主客之间可以围绕这个漂亮的作品聊上几句。

用苹果做的叶子

一般多采用黄瓜、白萝卜、胡萝卜等素材来做叶子。不过，苹果的果肉和果皮颜色对比鲜明，也可以制作树叶，推荐大家试试看。

用白萝卜做的鸡蛋花

用黄色食用色素渲染一下花心，摆在眼前时仿佛就是活生生的一朵花了。沙拉的摆盘里用上这个作品，再加上黄瓜做的树叶，可爱到极致。

日本的新年

和风搭配，寓意幸福，
能为年节菜增色添香。

庆贺新春的时尚和风组合造型

金色的盘子里盛放着红色的喜鹤、白色的寿龟，分外华丽。黑色背景和雅致的布垫搭配，和风雅致，又不失时尚，令人印象深刻。

使用的蔬菜和水果

胡萝卜、芜菁、红心萝卜、黄瓜

要点提示

鹤

"红色"的鹤是用红心萝卜雕刻而成的。在喜庆的场合，日本人必用红白两色，甚至有人还会为挑选红色的蔬菜和水果而烦恼。红心萝卜颜色稳重大方，大小粗细合适，可以和同等大小的白芜菁和白萝卜制作成对的作品。

龟

龟和鹤一样，特点都是运用了素材的圆形。头、脚、龟壳、尾巴要尽量做圆润，龟壳表面的多条直线花纹尽量刻清晰。作品虽小，却极具艺术性。

梅

胡萝卜做的梅花，大小不同，厚薄不同，栩栩如生。此外，一片片花瓣散落到黑色背景上，显得分外有韵味。

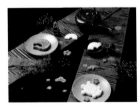

整体

新年主题满载着各种和风元素，想要使其整体保持时尚之感，可以选用黑色背景和雅致的布垫。此外，餐具也要选用深色，可以显得稳重大方。作为主角的鹤和龟放在金色的盘子里，能被衬托得更为出众。

新年组合造型

谨贺新年

这是各种新年主题、各种装点年节菜的蔬果雕刻作品，新年伊始，喜气洋洋。建议使用日本的和纸或者绉纱等和风元素来衬托气氛。

使用的蔬菜和水果

胡萝卜、芜菁、黄瓜、柚子

要点提示

上部

选择明亮的暖色系和纸，能使人联想到新年第一天的日出。中间摆放黑色的盘子，使放在上面的作品分外醒目，再放上盛着醋拌生鱼丝的柚子罐，配上绿色的黄瓜，宛如在群山簇拥中缓缓升起的太阳。

下部

在日出的山脚下，要带有"红"和"白"。鹤、龟、松、竹、梅、毽子板、扇子等喜庆的新春主题一个都不能少。不是光摆放整齐即可，还要赋予其动态，显得活泼热闹，整体华丽喜庆。

使用的蔬菜和水果

胡萝卜

要点提示

圆滚滚的小梅花非常可爱，可以多做一些，摆放起来非常吸引人。注意，每一朵梅花在细节上都有区别。本书将为大家介绍 4 种造型的梅花，如果你掌握了这些技巧，就能让各种样式的梅花在你手中绽放。

使用的蔬菜和水果

黄瓜

要点提示

日本的年节菜一定会用到黑豆。可以用黄瓜雕刻的小篮子来盛放黑豆，会显得非常有品位。因为黄瓜和黑豆都是偏暗色，所以选用白色的盘子来摆放能提亮整体的色调。再配上红色与和风花纹的背景，别具一番风味。

新年

梅花①

从花心向外切出角度，使其
富有立体感。

难度 ● ○ ○ ○ ○

1

把胡萝卜切成圆片，厚度为 1cm，用模具做出梅花的
形状。

2

以花心为中心，在花瓣与花瓣之间垂直下刀，切出 1
条深度为 5mm 的线条。一共切 5 条。

3

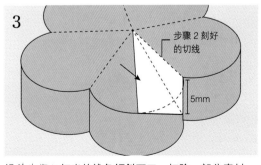

步骤 2 刻好
的切线

5mm

沿着步骤 2 切出的线条倾斜下刀，切除一部分素材。

4

按照步骤 3 方法，对剩下的 4 条线做同样操作。

梅花②

此造型要突显花瓣，所以需要掌握基本
功中"レ"形造型的刀法哦！

难度 ● ○ ○ ○ ○

1

把胡萝卜切成圆片，厚度为 1cm，用模具做出梅花的
形状。

2

以花心为中心，在花瓣与花瓣之间垂直下刀，切出 1
条深度为 5mm 的线条。一共切 5 条。

3

沿着步骤 2 切出的线条，从两侧下刀，刻出"レ"形沟，
去除多余的素材。

4

按照步骤 3 的方法，对剩下的 4 条线做同样操作。

梅花③

通过使用基础的水滴造型雕刻方法，打
造可爱的梅花造型。

难度 ● ○ ○ ○ ○

1

把胡萝卜切成圆片，厚度为 1cm，用模具做出梅花的
形状。

2

以花心为中心，在花瓣与花瓣之间垂直下刀，切出 1
条深度为 5mm 的线条。一共切 5 条。

3

沿着步骤 2 切出的线条，从两侧分别下刀，切出 "レ"
形沟，去除多余的素材。

4

按照步骤 3 的方法，对剩下的 4 条线做同样操作。

5

靠近花心，用水滴造型的模具按
压，做出花蕊效果。

6

按照步骤 5 的方法，对剩下的 4
个位置做同样操作。

7

检查每片花瓣是否有不平整的棱
角，修整一下，使其平滑圆润。1
朵可爱的梅花就做好了。

新年

梅花④

花心做出圆锥形，精致小巧。

难度 ● ○ ○ ○ ○

1

把胡萝卜切成圆片，厚度为1cm，用模具做出梅花的形状。

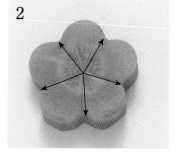

2

以花心为中心，在花瓣与花瓣之间垂直下刀，切出1条深度为5mm的线条。一共切5条。

3

沿着步骤2切出的线条，从两侧分别下刀，切出"ㄥ"形沟，去除多余的素材。

4

按照步骤3的方法，对剩下的4条线做同样操作。

5

花心用圆锥造型的模具按压。从花瓣向花心的中心点切出"V"形造型，去除多余的素材。检查每片花瓣是否有不平整的棱角，修整一下，使其平滑圆润。1朵精致小巧的梅花就完成了。

新年

竹

水滴造型，使做出的竹叶更加栩栩如生。

1

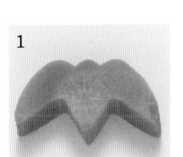

把胡萝卜切成圆片，厚度为1cm，用模具做出竹叶的形状。

2

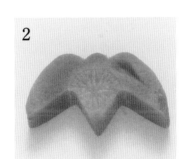

在叶子的根部附近刻出水滴造型。

3

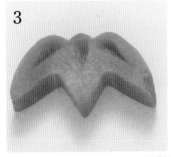

按照步骤2的方法，对剩下的2片竹叶做同样操作。

4

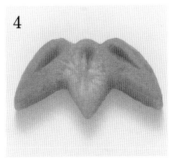

修整周边不平整的棱角部分，使其平滑圆润。竹叶就完成了。

新年

松

用"レ"形和"V"形造型制作，让松树也灵动起来。

难度 ● ○ ○ ○ ○

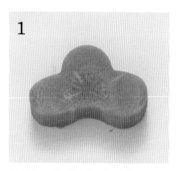

1

把胡萝卜切成圆片，厚度为1cm，用模具做出松的形状。

2

参照照片上的这条线垂直下刀，在下端描绘出弧线。

3

在弧线上方挖"レ"形沟，去除多余的素材。

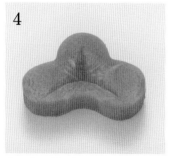

4

在弧线正中间刻1条比较长的"V"形沟，去除多余的素材。

5

按照步骤4的方法，对剩下的4个位置做同样的操作。注意，中间2个地方要稍短一点，这样更符合松的形象。

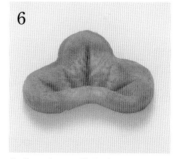

6

修整周边不平整的棱角部分，使其平滑圆润。

芜菁毽子板

芜菁毽子板上带着用胡萝卜做的羽毛毽，红白相映，洋溢着新春的喜庆。

难度 ● ○ ○ ○ ○

1

把芜菁切成圆片，厚度为1cm，再切成毽子板的形状。

2

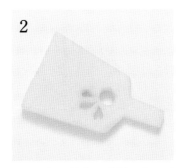

在靠近把手的位置雕刻1个圆形和3个水滴形，作为羽毛毽。此处下刀要垂直贯穿，刀和素材向不同方向转动，去除多余的素材。

3

用胡萝卜填充步骤2做出的圆形和水滴形。为了保证大小合适，最初可以将胡萝卜的圆形和水滴形做得略大一点，填充的时候再调整，切割掉多余的素材。

49

篮子（带提手）

巧用黄瓜，做一个带提手的小篮子，为新年
增添喜庆。

难度 ● ○ ○ ○ ○

1

切下一截黄瓜头，要留着黄瓜的
蒂，长度为6cm。

2

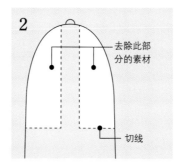

去除此部
分的素材

切线

用刻刀轻画出轮廓线，制作篮子
的提手部分。

3

沿着轮廓线，横平竖直地各切1
刀，去除多余的素材，做出如图
的造型。

4

反面也是同样操作。

5

去除此部
分的素材

切线

用刻刀轻画出提手的轮廓。

6

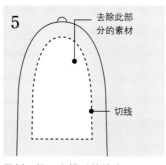

沿着轮廓线下刀，贯穿运刀。

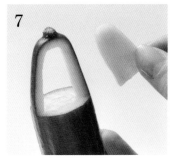

7

运刀一周，去除多余的素材。篮子的提手就做好了。

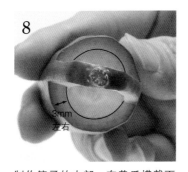

8

3mm
左右

制作篮子的内部。在黄瓜横截面上距离边缘 3mm 左右的地方垂直下刀，刻 1 个大概 5mm 深的圆形。

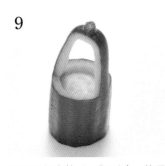

9

沿圆周向内挖"レ"形沟，篮子的中央要修剪平整。

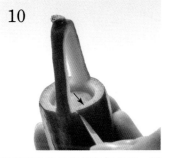

10

在篮子边缘的位置刻锯齿状。刻刀从左上向右下运刀，刻出锯齿的一条边。

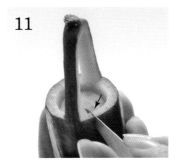

11

接着步骤 10，继续从右上向左下运刀，刻出锯齿的另一条边。注意，左右下刀的角度、宽度、大小都要保持一致，这样做出的锯齿才整齐美观。

12

重复步骤 10 和步骤 11，整个圆周都刻成锯齿花边。

13

摆正篮子，在其外侧正中央的位置刻出 1 个圆锥形。

14

刻出 5 个圆锥形，刻成 1 朵梅花造型。

15

在梅花的两侧同样制作出 5 片花瓣的小梅花。1 个漂亮的小篮子就完成了。

篮子（不带提手）

在黄瓜小篮子中放入黑豆等年节菜，装点豪
华的新年料理吧！

难度 ● ○ ○ ○ ○

1

从黄瓜的中部下刀，切一段 4cm 长的黄瓜。

2

3mm
左右

制作篮子的内部。在黄瓜横截面上距离边缘 3mm 左右的地方垂直下刀，刻 1 个大概 5mm 深的圆形。

3

沿圆周向内挖"ㄣ"形沟，篮子的中央要修剪平整。

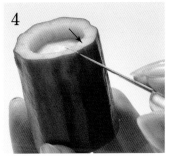

4

在篮子边缘的位置刻锯齿状。刻刀从左上向右下运刀，刻出锯齿的一条边。

5

接着步骤 4，继续从右上向左下运刀，刻出锯齿的另一条边。注意，左右下刀的角度、宽度、大小都要保持一致，这样做出的锯齿才整齐美观。

6

重复步骤 4 和步骤 5，整个圆周都刻成锯齿花边。

7

摆正篮子，在其外侧正中央的位置刻出 1 个圆锥形。

8

刻出 5 个圆锥形，刻成 1 朵梅花造型。

9

在梅花的两侧同样制作出 5 片花瓣的小梅花。1 个漂亮的小篮子就完成了。

新年

芜菁扇子①

做一把精美的扇子,诀窍是扇子的外围要深、要广。

难度 ● ○ ○ ○ ○

1

把芜菁切成圆片,厚度为1cm,再切成1个半圆。

2

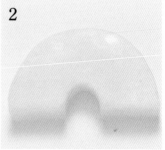

中心位置也刻出1个半圆,去除多余的素材。

3

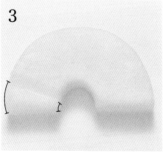

在扇子上切出深度为5mm的直线,呈放射状。在直线的右侧切出"レ"形沟,深度和扇子的厚度差不多。

4

重复步骤3的操作,直至整个扇面完成如图造型。

芜菁扇子②

用角度营造立体感，突显扇面的
效果。

难度 ● ○ ○ ○ ○

1

把芜菁切成圆片，厚度为 1cm，
再切成 1 个半圆。

2

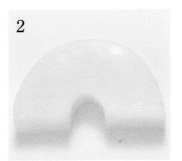

中心位置也切出 1 个半圆，去除
多余的素材。

3

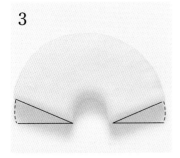

切除扇面的两端，这样就有角度
感了。

4

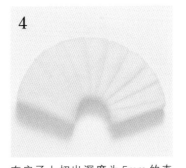

在扇子上切出深度为 5mm 的直
线，呈放射状。在直线的右侧切
出"レ"形沟，深度和扇子的厚
度差不多。重复该步骤，直至整
个扇面完成如图造型。

新年

芜菁之鹤

年节菜里放仙鹤，和寿龟配成一对。新年里
喜气洋洋，红白搭配最相宜。

难度 ● ● ● ○ ○

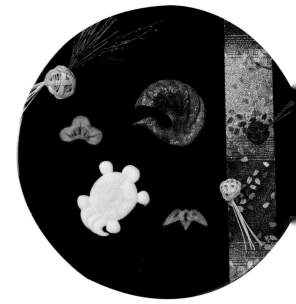

1

把芜菁切成圆片，厚度为 1cm，去皮。

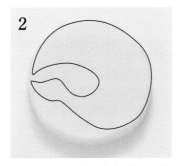

2

按照图示，用刻刀轻轻描绘出仙鹤的轮廓。

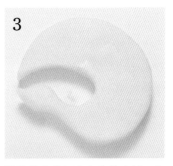

3

沿着轮廓线切除多余的素材。修整鹤头和脖子部分不平整的棱角，使其平滑圆润。

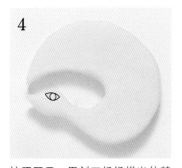

4

按照图示，用刻刀轻轻描出仙鹤的眼睛轮廓，深度为 3mm。抠除眼睛内部的一部分素材，使眼珠部分更有立体感。

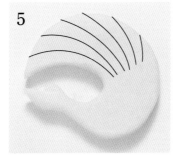

5

按照图示，用刻刀轻轻描绘出仙鹤的羽毛的轮廓线。

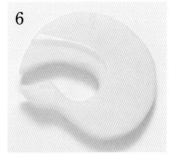

6

沿着羽毛轮廓线垂直下刀，划出深度为 5mm 的线条。再沿着线条右侧，挖出"レ"形沟，去除多余的素材。

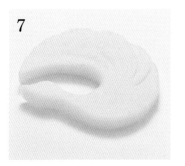

7

重复步骤 6 的操作，直至完成羽毛造型。

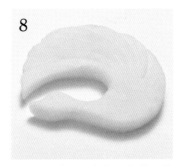

8

为了打造出羽毛根根立起的立体效果，要稍微修剪一下侧边，使其轮廓鲜明。修整不平整的棱角，使其平滑圆润。

芜菁之龟

为年节菜增色的寿龟一定要和仙鹤搭配在一起，龟壳要做得精致细腻。

难度 ● ● ● ○ ○

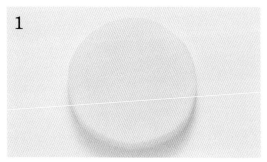

1

把芜菁切成圆片，厚度为 1cm，去皮。

2

按照图示，用刻刀轻轻描绘出寿龟的轮廓。

3

沿着轮廓线切除多余的素材。

4

划出圆形的龟壳轮廓，使龟壳突显出来。轮廓用 "レ" 形沟加深效果。

5

修整一下龟头、龟壳、龟脚、尾巴上不平整的棱角，
使其平滑圆润。

6

按照图示，用刻刀轻轻描绘出龟壳的纹路。

7

龟壳纹路中央的六边形用"V"形沟加深一下。六边
形的顶点往外发散的 6 条直线全部刻划至 5mm 深。

8

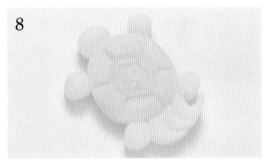

在六边形的内部再刻 1 个小一点的六边形。轮廓用
"レ"形沟加深。六边形的 6 个顶点往外发散的直线
两侧都用"レ"形沟加深。

9

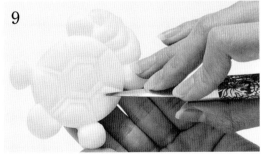

沿六边形外部的 6 个区域中已有直线的外侧继续描划
直线，并用"レ"形沟加深。

10

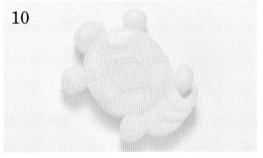

剩余的 5 个区域继续按照步骤 9 操作。龟壳的纹路就
完成了。

新年

橘子罐（带盖）

里面装着什么呢？快揭开盖子看看吧。这个
极富设计感的盖子太有意思了！

难度 ● ● ○ ○ ○

1

用刻刀在橘子一半偏上的部位转一圈，注意不要伤到里面的果肉。

2

用手指剥离果皮和果肉。剥离下来的果皮不要丢弃，留着做盖子。

3

做罐身的部分也和步骤 2 一样，剥离果皮和果肉，取出果肉。

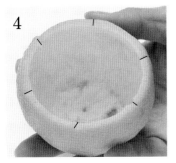

4

给橘子做花纹。如图所示，把作为罐身的果皮边缘 6 等分，做出记号。

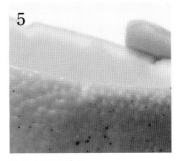

5

从侧面看的效果。

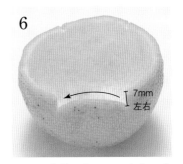

6

从记号处往下切 7mm 左右，和相邻的记号之间切出 1 条圆润的弧线。

7

重复步骤 6 的操作，完成剩下的 5 个弧线。

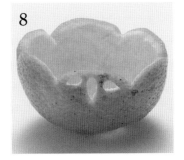

8

在弧线部分的正中央镂空 1 个垂直的水滴造型，然后在其两侧各镂空 2 个倾斜的小水滴造型。看起来就像竹叶造型。

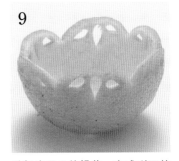

9

重复步骤 8 的操作，完成剩下的 5 个弧线处的造型。1 个漂亮的橘子罐就做好了。

10

给盖子做花纹。和罐身部分一样，把果皮边缘 6 等分，做出记号。从记号处往下切 7mm 左右，和相邻的记号之间切出 1 条圆润的弧线。

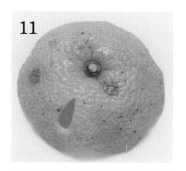

11

在弧线部分的正中央镂空 1 个垂直的水滴造型。

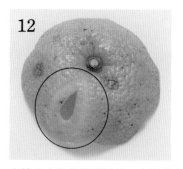

12

在镂空水滴的外围再刻 1 个水滴形状，这次不要镂空。然后沿着这个外围水滴的轮廓线切出"レ"形沟。

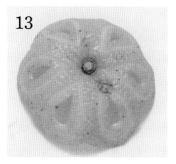

13

重复步骤 12 的操作，完成剩下的 5 条弧线处的造型。

14

罐子和盖子搭配起来，1 个漂亮的橘子罐就做好了。

新年

橘子罐（不带盖）

放入醋拌生鱼丝，把年节菜装点地格外炫目。

难度　● ● ○ ○ ○

1

用刻刀在橘子中间偏上的部位转一圈，小心不要伤到里面的果肉。

2

用手指剥离果皮和果肉。剥离下来的果皮不要丢弃，留着做盖子。

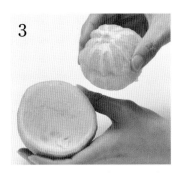

3

做罐身的部分也和步骤2一样，剥离果皮和果肉，取出果肉。

4

给罐子做花纹。如图所示，把作为罐身的果皮边缘6等分，做出记号。

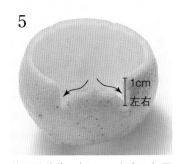

5

1cm
左右

从记号处往下切1cm左右，如图所示，在两条相邻的切口中间入刀，分别向左右两边各切出1条"S"形状的弧线。

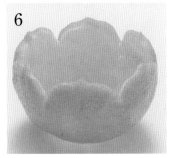

6

重复步骤5的操作，完成剩下的5条弧线。

7

在弧线部分的正中央镂空1个垂直的水滴造型，然后在其两侧各镂空2个倾斜的小水滴造型。看起来就像竹叶造型。

8

重复步骤7的操作，完成剩下的5条弧线处的造型。1个漂亮的橘子罐就做好了。

泰式刻刀的保养方法

由于泰式刻刀的刀刃很薄、易弯，即便是专业磨刀的工匠有时也不愿意接受泰式刻刀的保养工作。尤其是用于雕刻水果和蔬菜的刻刀，刀尖很容易生锈或者发黑，有时还会把雕刻的水果蔬菜也染黑了，所以需要细致的保养。

下面为大家介绍保养刀刃的方法。

材料准备

防水性好的砂纸

3 种粒度型号：500 目，1000 目，2000 目。

※ 型号越大，砂纸越细。

砂纸一定要放在平坦的地方，表面沾一点水。

插花用的花泥

修剪成 2cm × 5cm × 1cm 大小。

把浸泡了水的花泥放在刻刀上，可以在保养刻刀时使刀刃两面受力均匀。

保养方法

如果刀刃发黑生锈

在一个稍高的台子上放上砂纸，表面洒点水。把刻刀的一面贴在砂纸上，在刻刀的另一面放上浸泡了水的花泥。用手按着花泥和刀刃同步在砂纸上磨擦，像画圆圈一样转着圈打磨。

如果刀尖有磨损

用 500 目的砂纸打磨刻刀的背面，直到刀尖磨损的部分被再次打磨得锋利。刀尖磨尖以后，把刀面放在 2000 目的砂纸上磨擦，像画圆圈一样转着圈打磨。

如果刀刃上有缺口

用 500 目的砂纸把有缺口的地方磨平，然后以此处的线条为标准，把其他没有缺口的地方也要打磨到与其保持一致，以保证刀刃平整。需要注意，刀刃要放平一点，不然刻刀会变钝。

※ 打磨之后，暂时不用的刻刀要涂上山茶油防止生锈，也可以使用不容易氧化的工具用油。

日本女儿节

唤醒少女心，带来轻柔的暖春气息。

春之派对

春天，万物复苏，为了符合这一印象，要充分使用颜色鲜艳的蔬菜和水果。用透明的玻璃餐具和错落有致的粉色进行装点，打造一个少女心满满的派对吧。

使用的蔬菜和水果

甜瓜、草莓、橙子、彩椒、黄瓜、胡萝卜

要点提示

甜瓜碗

甜瓜雕刻的碗看上去非常豪华，容易吸引目光。作品本身就已经很漂亮了，再加上很有女儿节气氛的桃花来做周边点缀，更显完美。搭配三色飘带，取自日本女儿节菱形年糕的三色之意，非常有节日气氛。淡淡的粉色和绿色非常适合表现春天。

彩椒郁金香

把用彩椒雕刻出的郁金香插入玻璃杯，再搭配上黄瓜雕刻的叶子，色彩绚丽。栩栩如生的色泽搭配，酝酿出了春天花草萌生的氛围。在郁金香上再插上一只用胡萝卜雕刻的蝴蝶，富有灵动立体之感。

草莓郁金香

在小小的鸡尾酒杯里盛上彩砂，杯子里再放一朵草莓雕刻的郁金香，甚是可爱。因为鸡尾酒杯细长高挑，放在里面的小小草莓更能夺人眼球。可以再插上桃花，给可爱加分哦。

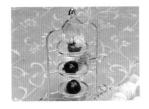

点心架

开派对或者下午茶时会使用到点心架。因其具有一定高度，可以使餐桌上的造型更为立体，更能衬托出华丽之感。每一层都放上一个小巧的雕刻作品，为可爱加分。别忘了装点上桃花哦。

草莓郁金香

女儿节

小巧可爱的郁金香。簇拥摆放，
打造出花田美景。

难度 ● ● ○ ○ ○

1

摘掉草莓的叶子。当然，不摘也
可以，也很可爱。

2

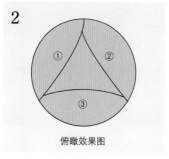

俯瞰效果图

如图所示，要做出3片花瓣重叠
在一起的效果。

3

参考图中的线条和下刀的角度，
在草莓侧面切出第一瓣的曲线。

4

沿着步骤3的刻线，在内侧挖"レ"形沟。

5

第二片花瓣也同样雕刻出曲线，和第一片花瓣汇合的地方做出重叠效果。在第二片花瓣的刻线内侧挖"レ"形沟。

6

俯瞰的效果。

7

第三片花瓣也同样雕刻出曲线，和第二片花瓣汇合的地方做出重叠效果。第三片花瓣的刻线内侧挖"レ"形沟。3片花瓣就做好了。

8

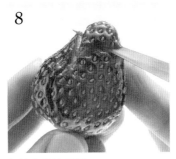

切掉草莓的顶端。

9

把顶端处露出的白色果肉部分剔除一部分，修整成圆形的小山形状。

10

从1片花瓣正中的位置出发，向白色果肉顶端的方向刻1个"V"形沟。

11

重复步骤10的操作，完成剩下的两个部分。3条"V"形沟在顶端汇合，表现出大花瓣中间有3片小花瓣的效果。

12

从侧面看的效果。

女儿节

彩椒郁金香

运用彩椒的特点，雕刻出鲜艳的
郁金香！

难度 | ● ○ ○ ○ ○

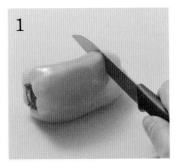

1

把彩椒顶端部分切掉 1/4。切掉的顶端部分可以做彩椒碟子（参照 P.156）。

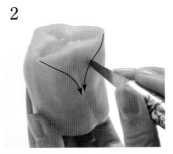

2

按照彩椒的形状，在内陷的部分切出"V"形。

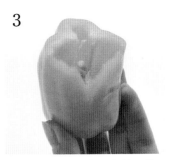

3

切完后的效果。根据彩椒的形状，做出 3~4 片花瓣。

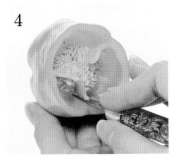

4

花瓣做好后，竖着切开花瓣和彩椒内部连接的部分。修整彩椒籽，切掉向四周伸展的籽，只留下中心 1 个浑圆的形状。

5

中心部分修整好了。

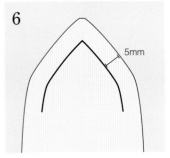

6

5mm

如图所示，从花瓣边缘向内 5mm 处下刀，要穿透。

7

把步骤 6 切出的 5mm 宽的部分往外轻轻拽一拽，做出花瓣向外绽放的效果。

8

重复步骤 6 和步骤 7，完成剩下 2 片花瓣的操作。

蝴蝶

用一点小技巧就能雕刻出美丽的
蝴蝶，把春意带到餐桌上。

| 难度 | ● ○ ○ ○ ○ |

1

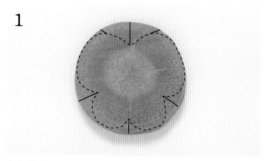

把胡萝卜切成圆片，厚度为 5mm，去皮。按照图示，
用刻在圆片上轻轻描画出轮廓线。

2

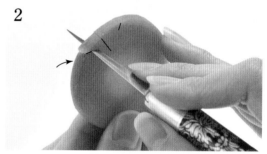

沿着画好的轮廓线从左上向中央运刀，刻出光滑的
轮廓。

3

同样，从右上向中央运刀，刻出光滑的轮廓。

4

蝴蝶的头部轮廓就做好了。

5

在胡萝卜的下部也按照步骤2和步骤3的操作，继续完成蝴蝶轮廓。

6

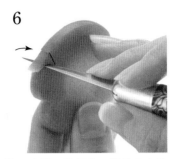

接下来做4片翅膀。沿着左上的记号线，从左边开始运刀，刻出光滑的轮廓。

7

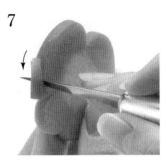

同样，沿着左上的记号线，从右边开始运刀，刻出另一半光滑的轮廓。

8

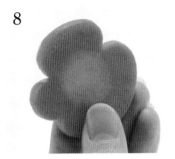

蝴蝶翅膀中间的部分就做好了。

9

右侧也按照步骤6和步骤7的方法雕刻。4片翅膀就做好了。

10

接下来做蝴蝶的触角。从左上向右下运刀，切出薄薄的1片，不要切断。

11

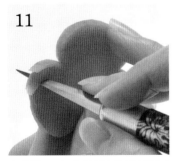

在步骤10切出的线条下方再切1刀。

12

把步骤10和步骤11的两条线中间的部分去除，1个触角就做好了。

13

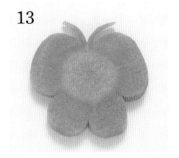

右边也同样操作，2个触角就完成了！

树叶造型①②③

仅靠基础技巧就能完成 3 种树叶造型。把餐桌打造成小清新的感觉。

难度 ● ○ ○ ○ ○

1

切一段黄瓜，长度为 6cm。

2

3 等分切出 3 片，剩下的中间的黄瓜芯呈 1 个三角柱。

3

把切下的 3 片修整成树叶的形状。现在开始做 3 种不同的树叶造型。

4

树叶① 先做第一片树叶的叶脉。树叶中间部分切 1 条直线，挖"V"形沟。

5

从中央的叶脉部分开始，斜着雕刻 1 个眼睛状造型。

6

重复步骤的操作 5，将叶脉左右两侧都雕刻出眼睛状造型。

7

从树叶侧面沿着眼睛状造型的边缘，刻出光滑的树叶轮廓。

8

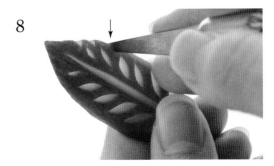

第二刀稍微倾斜一点，从右上向左下运刀。

9

去掉多余的素材。重复步骤 7 和步骤 8 的操作，完成右侧的雕刻。

10

左侧也是同样的操作方法。第一刀沿着眼睛状造型的边缘，刻出光滑的树叶轮廓。

11

第二刀从左上向右下运刀，雕刻出细致的纹路。

12

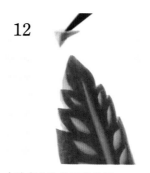

去除多余边角后的效果。

13

重复步骤10和步骤11的操作，完成左侧的造型。第一个树叶造型就完成了。

14

树叶②　接下来做第二片树叶的叶脉。正中央切两条深3mm的直线，在树叶顶部汇合。每条直线的外侧挖"レ"形沟。

15

从中央叶脉倾斜向外挖"V"形沟。

16

重复步骤15的操作，在左右两侧挖"V"形沟，越靠近树叶顶端，"V"形越小。

17

接下来做树叶轮廓。第一刀沿着"V"形沟外侧刻出流畅的曲线。

18

第二刀稍微倾斜一点，从右上向左下运刀。

19

去除多余素材后的效果。重复步骤17和步骤18的操作，完成右侧的造型。

20

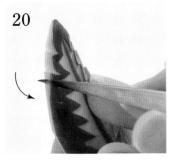

左侧也是同样操作，左侧也是第一刀沿着"V"形沟外侧刻出流畅的曲线。

21

第二刀稍微倾斜一点，从右上向左下运刀。

22

去除多余素材后的效果。

23

重复步骤 20 和步骤 21 的操作，完成左侧的造型。第二个树叶造型就完成了。

24

树叶③　接下来做第三片树叶的叶脉。中央叶脉挖 1 条"V"形沟。

25

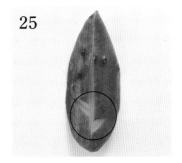

在中央叶脉的两侧交替倾斜着挖"V"形沟。

26

重复步骤 25 的操作，完成左右两侧的叶脉。越靠近树叶顶端，"V"形越小。

27

接下来做树叶轮廓。第一刀沿着"V"形沟外侧雕刻出流畅的曲线。

28

第二刀稍微倾斜一点，从右上向左下运刀。

29

去除多余素材后的效果。重复步骤 27 和步骤 28 的操作，完成右侧的造型。

30

左侧也是同样操作，第一刀沿着"V"形沟外侧雕刻边缘轮廓。

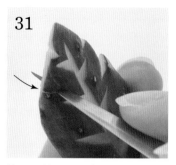

31

第二刀从左上向右下运刀，雕刻出细致的纹路。

32

去除多余边角后的效果。重复步骤 30 和步骤 31 的操作，完成左侧的造型。

33

第三个树叶造型就完成了。

34

树叶造型①②③都完成了。

把经过雕刻的胡萝卜或红辣椒做成泡菜。
购买市面上销售的泡菜母水，在家轻松自制泡菜。快把自己雕刻好的食材封装到几个高度相当的泡菜瓶子或者罐子里试试吧。罐子中泡菜母水的高度要没过所有的食材。食材泡入后会漂浮起来，所以要点就是塞得满满的，不留空隙。如果喜欢味道淡一点，泡 1 个小时就可以了。如果喜欢味道重一些，建议泡半天到一天。

女儿节

橙子篮子

这个篮子的提手很时尚哦。一个橙子可以做
出两个篮子。

难度 ● ○ ○ ○ ○

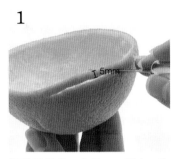

1

把橙子横着一分为二，剥皮，取出果肉（取出方法参照 P.61）。在橙皮边缘下 5mm 的地方刻出 1 条与边缘平行的线。

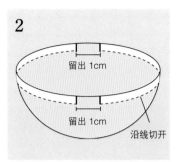

2

如图所示，步骤 1 刻出的并不是 1 个封闭的圆，面对面的两个位置各留 1cm。

留出 1cm

留出 1cm

沿线切开

3

篮子的提手就做好了。

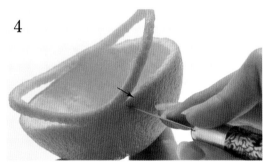

4

篮子的边缘部分要刻出锯齿状的线条。先从左上向右下刻出一段线条。

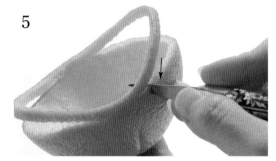

5

在步骤 4 刻出的线条前，从右上向左下刻出另一段线条。

6

1 个锯齿花边就完成了。为了美观，左右两段线条的角度、宽度、大小尽量保持一致。

7

重复步骤 4 和步骤 5 的操作，锯齿花边就做好了。在提手部分系上丝带蝴蝶结，把步骤 1 取出的果肉放进篮子里，配上薄荷叶装饰一下，作品就完成了。

甜瓜碗

用一整个甜瓜做成一个豪华的作品，这可是
派对上吸睛的主角啊！

难度 ●●●●○

1

准备 1 个甜瓜。

2

把甜瓜横着一分为二。一半用来雕刻碗，另一半的果肉稍后盛放到碗里。

3

用勺子把中间的瓜籽全部舀出。

4

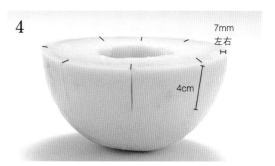

7mm
左右

4cm

在甜瓜的边缘画上 8 等分的记号线。从边缘向内大概 7mm 的位置往下切，切口深度为 4cm。

5

7mm
左右

从边缘向内 7mm 左右下刀，运刀一周，深度为 4cm，把步骤 4 切出的 8 条线都连接起来。

6

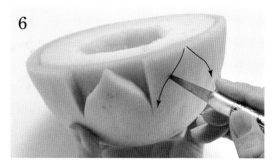

在两条相邻的 8 等分切线的正中间下刀，向左右各刻出 1 条 "S" 形曲线，形成碗壁外侧的花瓣。

7

重复步骤6的操作，完成8片花瓣。

8

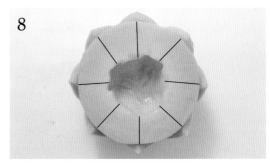

把甜瓜的横切面8等分。从位于外侧的花瓣顶点位置往下切，深度大于1cm、小于2cm。

9

修整被8等分的果肉部分，使其呈现圆形轮廓。

10

图示的圆屋顶形状就做好了。

11

重复步骤9的操作，完成剩下的7个部分。8个圆屋顶形状就做好了。

12

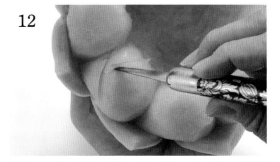

在每隔1个圆屋顶上刻1朵玫瑰花。在圆屋顶形状的侧面，用刻刀刻出第一片花瓣，然后在其内侧倾斜下刀，再刻1刀，去掉这两刀之间多余的素材。接下来再刻第二片花瓣，要与第一片花瓣略重合。用同样方法在其内侧再刻1刀，去除两刀之间多余的素材。

13

2 片花瓣就做好了。

14

重复步骤 12 的操作，完成剩下的 3 片花瓣。

15

修整花瓣包围的内部，使其光滑、圆润。

16

接下来，在步骤 15 完成的圆屋顶形状上做第二层的花瓣。重复步骤 12 的操作，完成剩下的 4 片花瓣。

17

重复步骤 15 的操作，修整出圆屋顶形状。然后做第三层花瓣。重复步骤 12 的操作，完成 3 片花瓣。1 朵玫瑰花就做好了。

18

重复步骤 12~17 的操作，完成剩下的 3 朵玫瑰。

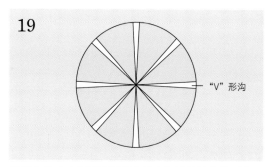

在剩余的 4 个圆屋顶形状上描出奶油被挤出的形状。如图所示，从外向内挖 8 条"V"形沟。

图示为正在刻第三条线。

刻好 8 条线的效果。

重复步骤 19 的操作，在剩余的 3 个圆屋顶形状上也做出奶油被挤出的形状。

在步骤 2 一切为二的另一半甜瓜上，用挖球器挖几个果肉球。

在甜瓜碗里盛上步骤 23 挖好的果肉球，再加上薄荷叶进行装饰，作品就完成了。

万圣节

夜幕来临，把南瓜灯点亮，
打造完美的万圣节气氛！

万圣节组合造型

南瓜玩具箱

在黑色基调的怪异气氛下，南瓜作品鲜亮的橙色非常显眼。再摆上几个未经雕刻的各品种的南瓜来增添乐趣吧。

使用的蔬菜和水果

万圣节南瓜、南瓜、冬南瓜、装饰南瓜、樱桃萝卜

要点提示

蝙蝠造型的南瓜

这是雕刻着蝙蝠造型的南瓜。光是这个造型就非常漂亮了，南瓜内部再放上蜡烛或者彩灯，把雕刻有蝙蝠的一面朝向墙壁，点亮以后，蝙蝠的光影就会映照在墙上，别有一番趣味。

不给糖就捣乱

在南瓜上雕刻万圣节的金句"不给糖就捣乱"。既可以精致细腻地雕刻，也可以大胆地做一番简单粗暴的设计，两种情况都非常适合南瓜充满活力的形象。还可以试着雕刻一些自己喜欢的文字或者造型。

南瓜表情

作为万圣节的标志，南瓜表情是"杰克南瓜灯"中不可或缺的一员。如图所示，左右不对称的眼睛、大大的嘴巴，组合出非常惹人喜爱的表情。另外也有可怕的、可笑的表情……推荐大家做出各种不同的表情，摆放在一起。

樱桃萝卜雕刻的杰克南瓜灯

在樱桃萝卜上雕刻眼睛和嘴巴，虽然很小巧，但是也是很正宗的"杰克南瓜灯"哦。把各种各样的南瓜摆放在一起，在橙色和黑色交织的世界里，樱桃萝卜的红色渲染了一抹火辣辣的异域风情，别有一番风味。

胡萝卜南瓜灯

南瓜灯一般常用南瓜来雕刻，这次改用胡萝
卜试试看。

难度 ● ● ○ ○ ○

1

把胡萝卜切成圆片，厚度为
3cm，去皮。

2

↑去除此部分的素材

侧面效果图

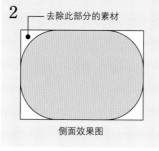

如图所示，修整上下边角，使其
平滑圆润。

3

在侧面垂直切1刀，深度为5mm。

4

在步骤 3 切出的直线两侧都挖出
"レ"形沟。

5

修整切口处，使其轮廓平滑圆润。

6

重复步骤 3~5 的操作。虽然图示
中有 8 条线，但实际操作时切几
条都可以，且间距也可以不相同。

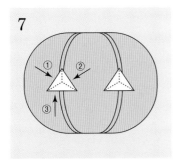

7

接下来雕刻眼睛。如图所示，在
南瓜的侧面雕刻出两只眼睛，注
意下刀角度，刀口要倾斜，以便
挖出的形状呈角锥形。

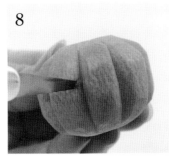

8

正在刻第一刀。

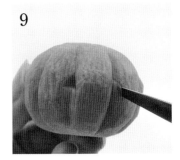

9

正在刻第二刀。

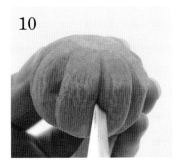

10

正在刻第三刀。

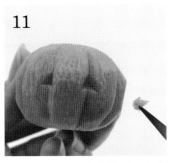

11

3 刀交汇得出 1 个角锥形，去除
这个部分多余的素材。

12

两只眼睛就做好了。

各种杰克南瓜灯

这是用柿子、樱桃萝卜、冬南瓜做成的杰克南瓜灯。

难度 ● ○ ○ ○ ○

1

柿子 先做眼睛部分。在柿子侧面雕刻出两只眼睛，注意下刀角度，刀口要倾斜，以便挖出的形状呈角锥形。

2

在柿子斜上方插1根牙签。

3

把1个彩椒的顶端切下来，切口要刻成锯齿状。去除内部的彩椒籽。

4

把彩椒像戴帽子一样，戴到柿子斜上方的牙签上，作品就完成了。

5

樱桃萝卜南瓜灯 按照步骤 1 的方法给小萝卜雕刻出眼睛。然后按照图示，在眼睛下方刻牙齿轮廓。轮廓线参考图示，每段直线深度为 5mm。

6

接下来刻出下牙轮廓中的一段横线。如图所示，刻刀和上牙正中间位置平行，倾斜下刀，切线的深度要达到刻刀与步骤 5 所刻出的轮廓相交的程度。

7

垂直下刀，刻出下牙轮廓中的竖线。

8

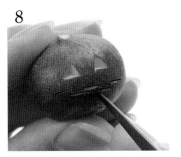

同样手法，再刻出另一侧的竖线。

9

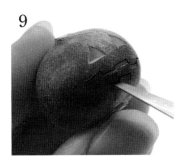

从下牙左侧竖线出发，与上牙的轮廓线最左端汇合。此处的下刀深度要达到刻刀与步骤 5 所刻出的上牙轮廓线相交的程度。

10

右侧也同样操作，完成下牙右侧竖线与上牙轮廓线最右端的汇合。下刀的深度要求与步骤 9 相同。

11

去除嘴巴图形中间的素材，效果如图。

12

樱桃萝卜杰克南瓜灯就完成了。

13

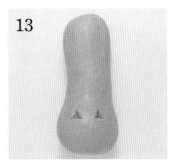

冬南瓜 按照步骤 1 的方法给冬南瓜雕刻出眼睛，作品就完成了。

万圣节

万圣节南瓜灯

只要掌握了基础技巧，就能随心所欲地雕刻
自己喜欢的文字或者造型！

难度 ● ● ○ ○ ○

最适合雕刻的"万圣节南瓜"

并不是说普通南瓜就不能用来雕刻，而是说万圣节南瓜比普通南瓜的质地更柔软，
内部空间更大，皮也更薄，所以雕刻起来更容易。但是，万圣节南瓜完成雕刻后
很容易腐坏，不能长期保存。所以，请最好在万圣节的前一天动手雕刻。

在南瓜底部垂直下刀，刻出 1 个大大的圆形。

拔除这个圆形位置的南瓜皮肉。

用勺子把南瓜内部的瓜瓤清理出来。要清理干净，不要有残留。

在要雕刻文字的地方贴上纸质的字模。

用刻刀沿着字模下刀，深度为 5mm。如果是"o、e、a"这种空心的字母，要先从空心部分开始雕。

字母轮廓的雕刻完成了。

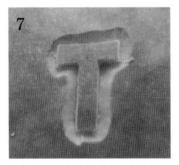

在每个字母的外侧挖"レ"形沟。

重复步骤 7 雕刻所有字母，使整体都变得更立体。再在文字周围雕刻出一片背景来配合文字的氛围，作品就完成了。

南瓜作品的背面（面向墙壁的那一面）也可以镂空出一些图案或者花纹，
这样点亮南瓜后，还能在墙上投影出镂空部分的图案。

万圣节

花朵雕花灯笼

放入彩灯或者蜡烛，让光影之花绚烂绽放。

难度 ●●○○○

1

用刻刀在橙子顶端往下 1/3 的位置刻一圈，注意不要伤到里面的果肉。

2

用手指小心地剥离果肉和果皮，剥下来的上端果皮就像 1 个小盖子。

3

剩下 2/3 的部分用较大的勺子小心地把果皮和果肉分离出来。注意不要伤到果肉，可以先在果肉和果皮间掏出缝隙，然后左右旋转一下，拔除果肉。果皮上沾着的白色橘络也要清除干净。

4

用刻刀垂直贯穿果皮，在果皮底部正中间镂空 1 个圆形，周围镂空 8 个眼睛状的造型。

5

重复步骤 4 的操作，在侧面也随机地刻出同样的造型，作品就完成了。

灯笼里除了放蜡烛，也可以放图中这样的小灯。这种小灯在市面上很容易买到。

桃心雕花灯笼

灯笼上遍布桃心镂空造型，使透出
的光也格外温暖可爱。

难度 ● ● ○ ○ ○

1

用刻刀在柚子顶端往下 1/3 的位
置刻一圈，注意不能伤到里面的
果肉。用手指小心地剥离果肉和
果皮，剥下来的上端果皮就像 1
个小盖子。

2

剩下 2/3 的部分用较大的勺子小心
地把果皮和果肉分离出来。注意不
要伤到果肉，可以先在果肉和果皮
间掏出缝隙，然后左右旋转一下，
拔除果肉。果皮上沾着的白色橘
络也要清除干净。

3

用刻刀垂直贯穿果皮，在果皮底
部正中间镂空 1 个桃心。

4

继续随机地镂空桃心。

5

对整个果皮都完成镂空后，作品
就做好了。

十字雕花灯笼

有规则地镂空上眼睛状的造型，做出极富艺术性的设计作品。

难度 ● ● ○ ○ ○

1 用刻刀在橙子顶端往下 1/3 的位置刻一圈，注意不能伤到里面的果肉。

2 用手指小心地剥离果肉和果皮，剥下来的上端果皮就像 1 个小盖子。

3 剩下的 2/3 部分用较大的勺子小心地将果皮和果肉分离出来。注意不要伤到果肉，可以先在果肉和果皮之间掏出缝隙，然后左右旋转一下，拔除果肉。果皮上沾着的白色橘络也要清除干净。

4 用刻刀垂直贯穿果皮，在果皮上横竖有序地镂空出眼睛状的造型，作品就完成了。

万圣节

三角雕花灯笼

三角形交织在一起，打造细腻的几何美感。

难度 ● ● ○ ○ ○

1 用刻刀在柚子顶端往下 1/3 的位置刻一圈，注意不能伤到里面的果肉。

2 用手指小心地剥离果肉和果皮，剥下来的上端果皮就像 1 个小盖子。

3 剩下的 2/3 用大勺子将果皮和果肉分离出来。不要伤到果肉，可以先在果肉和果皮之间掏出缝隙，左右旋转一下，拔除果肉。果皮上的橘络也要清除干净。

4 用刻刀垂直贯穿果皮，在果皮底部正中间镂空 1 个三角形。

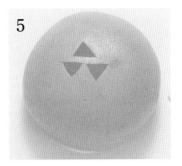

5 继续镂空三角形。相邻三角形之间的间距要尽量保持一致。

6 整个果皮都完成镂空后，作品就做好了。

万圣节

烟花雕花灯笼

越往灯笼的下部走，烟花造型越大，
投映出的光影也就越梦幻。

难度	● ● ○ ○ ○

用刻刀在橙子顶端往下 1/3 的位
置刻一圈，注意不能伤到里面的
果肉。

小心用手指剥离果肉和果皮，把
小盖子一样的顶端果皮剥下来。

剩下的 2/3 用大勺子将果皮和果肉
分离出来。不要伤到果肉，可以
先在果肉和果皮之间掏出缝隙，
左右旋转一下，拔除果肉。果皮
上的橘络也要清除干净。

用刻刀垂直贯穿果皮，在果皮底
部正中间镂空 1 个圆形，周围镂
空 8 个眼睛状造型。

接下来再镂空第二圈的 8 个眼睛
状造型。第二圈的每个造型要比
第一圈稍微大一点，位置要对准
第一圈两个造型之间的空白处。

同样方法镂空出第三圈、第四
圈……眼睛状造型要越来越大，
一直蔓延到果皮最下端，作品就
完成了。

圣诞节

极富艺术美感的苹果，
为圣诞节增添时尚气息。

圣诞节组合造型

苹果圣诞树

白色圣诞树组合造型更能衬托出苹果的红艳。透明的果盘架里摆满苹果，好似
圣诞树一般。

使用的蔬菜和水果

苹果

要点提示

摆放在上层和底层的苹果

在果盘架的上层和底层摆放顶部有雕刻的苹果。以苹果顶端的蒂为中心，向四周呈发散状放置，这种造型很有艺术性。花瓣大小各异，桃心利用了苹果果皮的红色，每个细节都让人觉得十分可爱。

摆放在中间层的苹果

在果盘架的中间层摆放侧面有雕刻的苹果。这样和顶层的作品错落有致，使整体造型更具层次和变化感。因为苹果的侧面面积更大，更能突显出雕刻造型的细腻之处。

雕刻有中式风造型的苹果

用苹果红色的果皮雕刻出精细的线条，组成各种对称造型。通过本书中介绍的雕刻技巧，用手中的刻刀一气呵成。因为苹果的果皮脆弱、易损，所以需要高超的技术，但是一旦完成这种层叠效果的雕刻作品，就能带来非常震撼的视觉效果。

雕刻有烟花造型的苹果

无论是俯瞰还是侧观，烟花造型都令人觉得非常美丽。因为只需要重复基础技巧中的眼睛状造型的雕刻方法，所以难度并不高。要点在于对每一圈造型的大小和粗细都要赋予一些变化，同时，每一圈造型都要保持大小一致。

圣诞节组合造型

圣诞树

这组圣诞组合造型展示的是北欧的森林景致。稳重的木雕、可爱的苹果以及温暖的毛线球，让人沉浸在一片安宁、温馨的氛围之中。

使用的蔬菜和水果

苹果

要点提示

苹果
这款作品推荐大家选用比较大气的设计，配合木刻氛围，突显造型整体的朴素感。注意，对于较大的花纹，其线条和形状都需要保持大小一致。

草本主题的白色布料
目的是要打造出森林里一派银装素裹的印象。选用草本主题的白色布料，其颜色和花纹都不会冲淡主角苹果的设计感。整体营造出一种淡淡忧伤又温馨甜蜜的乡愁。

树、松果
我们常常用木质主题来搭配苹果。木质的盘子、松果、圣诞树等，表现出自然界的景观。颜色都是稳重的深色系。在这一片冬季景致中，被雪覆盖一角的松果就成了其中的亮点。

毛线球
设计简洁的苹果，加上给人以稳重感的木制品，虽然两者营造出的世界不乏可爱之处，但是仍稍嫌寒冷。毛线球的存在能瞬间增添温暖的感觉，小小的围巾或者手套，这些毛线针织小物都能带来温暖的气息。

圣诞节

烟花

只需掌握了眼睛状造型的基础雕刻技巧,
就能完成这个艺术品的创作。

难度 ● ● ○ ○ ○

1

在苹果顶端画出 12 等分的记号线。

2

按照步骤 1 所描好的记号线,雕刻出眼睛状造型。

3

重复步骤 2 的操作，完成 12 个眼睛状造型。

4

继续雕刻第二圈的眼睛状造型，位置对准第一圈两个相邻造型中间的空白处。所雕刻的造型不断地向四周发散，且越来越宽大。

5

重复步骤 4 的操作，完成第二圈的造型。

6

接下来完成第三圈的造型，位置仍然是对准第二圈两个相邻造型中间的空白处。造型比第二圈更加宽大。

7

同样方法雕刻第四圈、第五圈……苹果大小不同，最终的圈数也各不相同。苹果越鼓的地方造型越宽大，变窄的地方造型也缩小。整体雕刻完毕，作品就做好了。

圣诞节

花卉与钻石

造型要大，显得大方可爱。

难度 ● ● ○ ○ ○

1

在苹果顶端画出 6 等分的记号线。

2

按照步骤 1 所描好的记号线，雕刻出眼睛状造型。

3

重复步骤 2 的操作，完成 6 个眼睛状造型。

4

按照图示的线条，在眼睛状造型的外围描出轮廓，深度为 3mm。

5

沿着步骤 4 的轮廓线，在其外侧挖 "ㄴ" 形沟。

6

在两个相邻的眼睛状造型中间空白处，刻 1 个十字，深度为 1cm。

7

在十字左上角挖 1 个三角形，去除多余的材料。右上角同样操作。注意，左上角和右上角的两条斜线要内陷一点，呈一定弧度。

8

左下角和右下角的两条斜线要往外鼓一点。

9

挖除内部多余的素材，形成 1 个钻石造型。

10

按照图示的线条，在钻石形状的外围描出轮廓，深度为 5mm。注意，交接点不要超过上面的两个眼睛状造型的边角。

11

沿着步骤 10 的轮廓线，在其外侧挖"レ"形沟。

12

重复步骤 6~11 的操作，完成一圈的造型。

13

按照图示的线条，再刻出一圈轮廓线，深度为 5mm。

14

沿着步骤 13 的轮廓线，在其外侧挖"レ"形沟。

15

按照图示的线条，再刻出一圈轮廓线，深度为 5mm。

16

沿着步骤 15 的轮廓线，在其外侧挖"レ"形沟，作品就完成了。

圣诞节

桃心与水滴

红色桃心非常可爱，为圣诞节增添一份甜蜜。

难度 ●●●○○

在苹果顶端画出 12 等分的记号线。

按照步骤 1 所描好的记号线，雕刻出眼睛状造型。

3

重复步骤 2 的操作，完成 12 个眼睛状造型。

4

按照图示的线条，在眼睛状造型的外围描出两条线，深度为 5mm。

5

以这两条线为边，雕刻 1 个三角形，深度为 5mm。

6

接下来雕刻三角形下方的桃心。在三角形中间切 1 刀，然后从三角形底边的左顶点往右下运刀，再从右顶点向左下运刀，两条曲线在中心位置交汇。

7

按照图示的线条，在两条曲线和三角形的交点稍微靠内侧的位置刻 1 个桃心轮廓，深度为 5mm。

8

沿着步骤 7 刻出的轮廓线，以三角形底边的左顶点为起点，在桃心的左外侧挖"レ"形沟。注意，桃心下端的"V"形部分线条要平滑。

右外侧也采用和步骤 8 左外侧同样的操作，注意，桃心下端 "V" 形部分线条要平滑。

重复步骤 4~9 的操作，完成一圈造型。相邻的两个桃心之间要稍微留一点果皮。

按照图示的线条，刻一圈轮廓线，深度为 5mm。

沿着步骤 11 所刻的轮廓线，在其外侧挖 "レ" 形沟。

在两个相邻的桃心之间，雕刻 3 个水滴的造型。

重复步骤 13 的操作，完成一圈的造型，作品就完成了。

万圣节

桃心与花朵①

只需要 2 个水滴造型，就能做出桃心造型！快来掌握实用技巧吧。

难度 ● ● ● ● ○

1

在苹果侧面正中央的位置刻 6 等分的记号线，深度为 5mm。

2

在步骤 1 刻好的记号线两侧，倾斜下刀，切除果皮果肉。

3

在花朵外侧雕刻 1 个桃心形状。从桃心下端顺时针运刀，至桃心上端的中心位置停刀，手法如同雕刻水滴形状。

4

另一侧也采用相同的操作，从桃心下端逆时针运刀，至桃心上端中心位置停刀。步骤 3 和步骤 4 无固定顺序，先做哪一步都可以。

5

完成步骤 3 和步骤 4 的操作，去除多余的素材。

6

重复步骤 3 和步骤 4 的操作，完成剩下的 5 个造型。

7

在步骤 6 完成的桃心和桃心之间，雕刻出水滴造型。

8

重复步骤 7 的操作，完成剩下的 5 个造型。

在步骤 6 完成的桃心外侧，雕刻出 3 个水滴造型。正中间的水滴要比左右两个大一点。

重复步骤 9 的操作，完成剩下的 5 个造型。

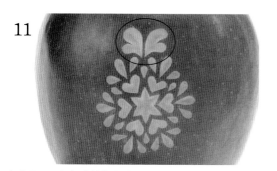

在步骤 10 所完成的相邻水滴之间，参考步骤 3 和步骤 4，雕刻两个左右对称的桃心形状。

重复步骤 11 的操作，完成剩下的 5 个造型。

在步骤 12 所完成的相邻桃心之间，雕刻出水滴造型。

重复步骤 13 的操作，完成剩下的 5 个造型。

桃心与花朵②

桃心、圆锥形、水滴形组合起来，就像白雪的结晶一样。

难度 ●●●●○

在苹果侧面正中央的位置，雕刻出 6 个水滴造型。

在步骤 1 完成的相邻水滴之间，雕刻出 1 个水滴。

重复步骤 2 的操作，完成剩下的 5 个造型。

在步骤 3 雕刻的相邻水滴之间，雕刻出 1 个倒立的桃心形状。从桃心下端逆时针运刀，至桃心上端的中心部分停刀。另一侧也是相同的操作，从桃心下端顺时针运刀，至桃心上端中心部分停刀。

重复步骤 4 的操作，完成剩下的 5 个造型。

在步骤 3 雕刻的水滴外侧，雕刻出 3 个水滴形状。

重复步骤 6 的操作，完成剩下的 5 个造型。

在步骤 5 雕刻的桃心下面，雕刻出 1 个圆锥造型。

重复步骤 8 的操作，完成剩下的
5 个造型。

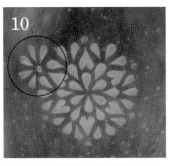

在步骤 9 雕刻的圆锥形状周围，
雕刻出 5 个水滴形状。

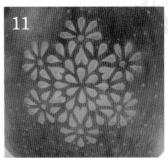

重复步骤 10 的操作，完成剩下的
5 个造型。

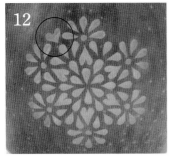

在步骤 11 完成的相邻水滴之间，
参考步骤 4 的操作，雕刻出 1 个
桃心。

重复步骤 12 的操作，完成剩下的
5 个造型。

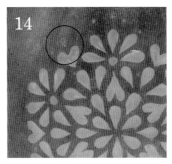

在步骤 13 雕刻的桃心外侧，雕刻
出 1 个水滴形状。

重复步骤 14 的操作，完成剩下的
5 个造型。

在步骤 15 雕刻的水滴外侧，雕刻
出 5 个水滴形状。

重复步骤 16 的操作，完成剩下的
5 个造型，作品就完成了。

圣诞节

中式风格

用刻刀轻快地描绘出各种精美的造型，快来挑战精湛的技艺吧！

难度 ●●●●●

在苹果顶端画出 6 等分的记号线。按照记号线，雕刻出 6 片花瓣，深度为 5mm。

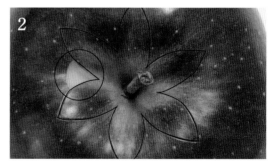

在相邻花瓣之间刻 1 条圆弧，位置在花瓣长度的一半处。圆弧与花瓣边缘交接。

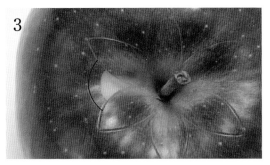

按照步骤 2 刻好的圆弧垂直下刀，深度为 5mm。

在步骤 3 刻好的弧线外侧挖"レ"形沟。

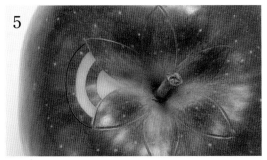

按照图示的线条，在步骤 4 完成的弧线外侧再刻 1 条弧线，把两片花瓣的顶端连接起来，垂直下刀，深度为 5mm。

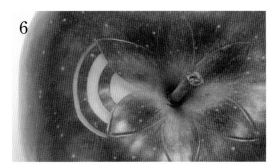

在步骤 5 刻好的弧线外侧挖"レ"形沟。

重复步骤 2~6 的操作，完成剩下的 5 个造型。

在两片相邻的花瓣之间，刻出 2 个大大的"V"形。

重复步骤 8 的操作，完成剩下的 5 个造型。

在两个"V"形之间，再雕刻两个呈"八"字的水滴。水滴之间的间距和"V"形之间的间距都要保持一致。

在步骤 10 刻好的两个水滴之间，再刻出 1 个较大的水滴。

重复步骤 11 和步骤 12 的操作，完成一圈的造型。

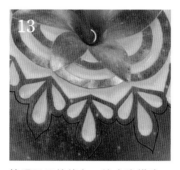

按照图示的线条，给水滴描边，深度为 5mm。位于正中间的水滴下部轮廓要有突出的尖角。

在步骤 13 刻好的轮廓线外侧挖"レ"形沟。

在两个相邻的水滴之间描 1 个圆弧，去除多余的素材。

在步骤 15 刻好的圆弧外侧刻出锯齿状的小三角。刻刀的刀尖稍稍插入果肉，从左上向右下运刀，再改变刻刀的角度，运刀至右上。重复这个操作，连贯地运刀，完成对锯齿状的雕刻。

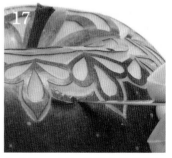

在步骤 16 刻好的锯齿线外侧挖"レ"形沟。

18

去除多余的素材，由小三角组成的锯齿线就做好了。

19

重复步骤 16 和步骤 17 的操作，一共做 6 层锯齿线。

20

重复步骤 15~19 的操作，完成一圈的造型。

21

在两个相邻的水滴之间雕刻 1 个大大的"V"形。

22

重复步骤 21 的操作，完成一圈的造型。

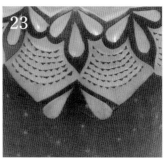

23

在两个相邻的"V"形之间雕刻两个呈"八"字的水滴。水滴之间的间距和"V"形之间的间距都要保持一致。

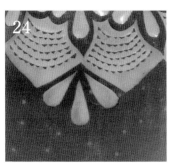

24

在步骤 23 刻好的两个水滴之间，再刻 1 个较大的水滴。

25

重复步骤 23 和步骤 24 的操作，完成一圈的造型，作品就完成了。

花型烛台

把苹果做成烛台，造型时尚。在圣诞之夜点亮，温暖你我。

难度 ●●●●●

1

在苹果顶部刻出 1 个圆，大小以能把蜡烛水平地放进去为宜，雕刻的深度也要参考蜡烛的高度。

2

在步骤 1 刻好的圆形轮廓内侧，挖 1 个大大的 "レ" 形，使其成为 1 个较深的圆洞。注意要清除苹果核。

3

如图所示，深度正好够放进1根蜡烛，只露出烛芯。

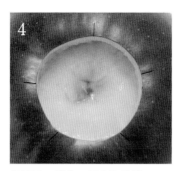

4

把圆形5等分，画出记号线。

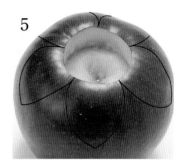

5

按照记号线的位置刻出5片花瓣，下刀深度为5mm。

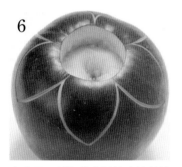

6

在步骤5刻好的花瓣轮廓外侧挖"レ"形沟。

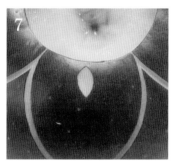

7

在花瓣正中心、靠近圆洞的地方刻1个眼睛状造型。

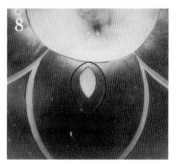

8

按照图示的线条，给眼睛状造型描边，下刀深度为5mm。

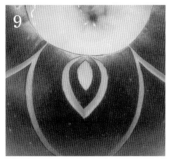

9

在步骤8刻好的轮廓线外侧挖"レ"形沟。

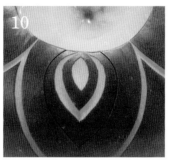

10

按照图示的线条再次描边。

11

在步骤10刻好的轮廓线外侧挖"レ"形沟。1片花瓣就做好了。

12

重复步骤 7~11 的操作，完成剩下的 4 个造型。在相邻的两片花瓣之间，刻 1 个倒置的桃心造型，下刀深度为 5mm。

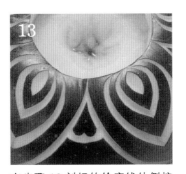

13

在步骤 12 刻好的轮廓线外侧挖"レ"形沟，把挖好的形状的外边雕刻成半圆形，去除多余的素材。

14

在桃心外侧刻上锯齿状的小三角。刻刀的刀尖稍稍插入果肉，从左上向右下运刀，再改变刻刀的角度，运刀至右上。重复这个操作，连贯地运刀，完成锯齿状的雕刻。

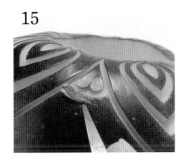

15

在步骤 14 刻好的锯齿线外侧挖"レ"形沟。

16

去除多余的素材，由小三角组成的锯齿线就做好了。

17

重复步骤 14 ~ 16 的操作，雕刻出第二层锯齿线。

18

把位于第三层锯齿线中间的三角形的边刻得长一些。

19

把位于第四层和第五层锯齿线中间的三角形的边刻得长一些。重复步骤 12 ~ 18 的操作，完成剩下的 4 个造型。最后把蜡烛放上去，作品就完成了。

苹果作品的保鲜方法

雕刻好的苹果如果变色，会有损作品的美观。下面为大家介绍有效的保鲜方法。

泡盐水防变色

浸泡几十秒即可，最多 2 分钟。如果是比较精巧的设计，泡几秒即可。

浸泡后用保鲜膜把苹果紧紧地包裹起来。

雕刻后的苹果容易脱皮，因此不要长时间浸泡。把精巧的作品在水里过一下即可捞出。

浸泡后，用厨房用纸轻轻擦拭一下果皮，使其只保留一点水分（注意不要把皮碰掉了），然后用保鲜膜包裹好苹果，放到冰箱冷藏。

苹果的挑选方法

如果是带伤或摸上去比较软的苹果就容易坏，不适合用于雕刻。尽量选用没有伤痕的、比较新鲜的苹果。

附加　樱桃萝卜

樱桃萝卜在雕刻完成后，也很容易脱皮或者变皱。为了避免变皱，可以放到水里泡几秒。要注意，避免泡的时间过长，否则会膨胀脱皮。

之后的步骤也和苹果的处理一样，擦干，只留一点水分，用保鲜膜包裹好，放进冰箱冷藏。

生日

在这一年一度的特殊日子里，
欢聚在一起热烈庆祝吧！

生日组合造型

西瓜生日派对

在愉快的生日宴上，用西瓜雕刻的蛋糕来庆祝吧。这是多么得与众不同啊！通过各种可爱的主题，把派对变得更加丰富多彩吧。

使用的蔬菜和水果

西瓜、樱桃萝卜、彩椒、香芹

要点提示

西瓜蛋糕

可以用西瓜果肉的白色部分做"手指饼干"或者"奶油"，就像是把奶油一条一条地挤到了一个圆屋顶形状的"蛋糕坯"上面，而且这个"蛋糕坯"的顶部和周边都要用"V"形来加强立体效果。俯瞰时就像是在从顶端向四周辐射的"S"形状上用调色刀均匀地涂上了奶油一样。

西瓜小球做配饰

在蔬果雕刻常用的水果中，西瓜能提供不同的色彩和质地，是非常好的种类。越是雕刻高手，越能利用绿、红、白三种颜色的变化来雕刻作品。用西瓜皮制作桃心，把果肉挖成小球，能做出各种配饰，得心应手。

樱桃萝卜

樱桃萝卜红白对比鲜明，虽然体积小，却能做出非常有设计感的作品。雕刻樱桃萝卜时，对刻刀的使用技巧要求很高，要精确到毫米。在萝卜皮上雕刻的时候，尽量保持间距一致，这样能提升作品的精度，但同时还要防止脱皮。

彩椒碗

我们可以用色泽艳丽的彩椒做成小碗，搭配樱桃萝卜作品，也可以把彩椒碗的碗边刻出锯齿状。在容器里放入1个彩椒碗作品、1个樱桃萝卜作品，再配上香芹，色彩丰富，一定会把生日派对的气氛烘托得更加热烈哦。

生日

生日快乐刻字

送上一个华丽的西瓜雕刻作品，让生日派对更加热闹吧。

难度 ●●●●●

1

西瓜横向摆放，按照图示的线条，在瓜皮上画圆。在靠近圆周的地方，贴上纸质字模。

2

从字模上方垂直下刀，刻出文字或字母的轮廓线。如果文字或者字母有空心部分，先从空心部分下刀，然后在文字字母外侧挖"レ"形沟。如图所示，要去除步骤1刻出的圆形和字母之间的果皮，然后按照图示的线条，将圆24等分，做出记号线。

在大圆的正中间画 1 个小圆，直径为 2cm，深度为 1cm。

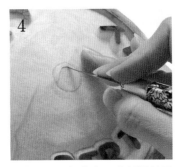

在步骤 3 画好的小圆内侧倾斜下刀，边雕刻边去除果肉。

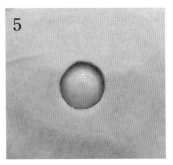

修整尖锐的地方，使其平滑圆润。1 个圆屋顶形状就做好了。

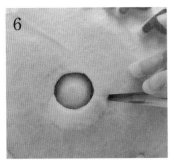

在圆屋顶形状的外侧倾斜下刀，去除一圈果肉。

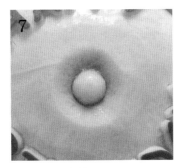

去除果肉后的效果。

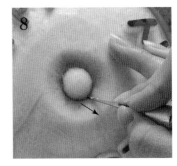

接下来做非洲菊的花心部分。围绕圆屋顶形状刻一圈小三角。刻刀从左上向右下运刀。

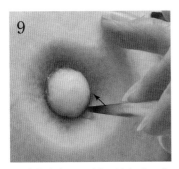

再稍微改变一下刻刀的角度，向右上运刀。每个三角形花瓣形状的雕刻都是一气呵成、连贯运刀而成的。

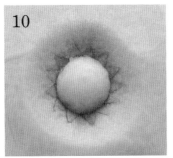

重复步骤 8 和步骤 9 的操作，完成一圈的造型。

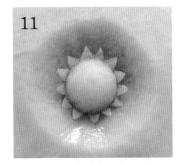

打薄三角形外侧的果肉，突显三角形的立体感。

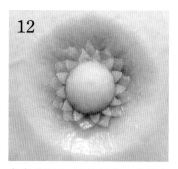

12

参考步骤 8~10 的操作，在两个相邻三角形之间再刻 1 个三角形。打薄三角形外侧的果肉，突显三角形立体感。

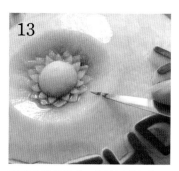

13

修整尖锐的地方，使其平滑圆润。

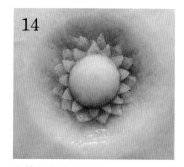

14

修整完的效果。

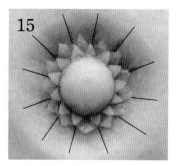

15

把花心外侧 12 等分，做好记号线。

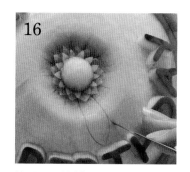

16

按照记号线刻大花瓣，刻刀从花心向外运刀，先向左下，再向右下，两条线交接后就是 1 片花瓣。

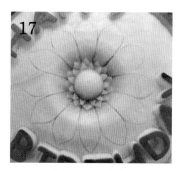

17

刻出 12 片花瓣的轮廓线。

18

打薄花瓣的外侧果肉，突显出花瓣。

19

把花瓣尖锐的地方修整平滑。

20

修整 12 片花瓣。

在花瓣上刻几条小小的"V"形沟。

12片花瓣雕好后的效果，非洲菊的雕刻完成。

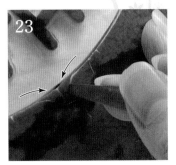

接下来做外侧的花纹。在步骤2做好的记号线上，分别从左上向右下、右上向左下刻"V"形沟。

去除多余素材后的效果。

重复步骤23的操作，完成一圈的造型。

修整步骤25刻好的花纹和非洲菊，使其整体曲线流畅。

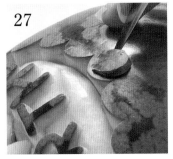

接下来雕刻12个蝴蝶结。首先在圆弧的侧面雕刻1个水滴形状。为了方便操作，可以把西瓜顺时针旋转，刻刀逆时针旋转。

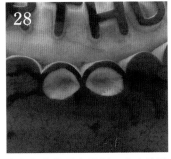

在相邻的位置也雕刻1个水滴形状，形成一对水滴。

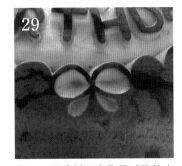

在下面再雕刻两个位置对称的小水滴。1个蝴蝶结造型就做好了。

30 重复步骤 27~29 的操作，完成一圈的造型。12 个蝴蝶结就做好了。

31 给蝴蝶结描边，在描好的边线外侧挖"レ"形沟。

32 重复步骤 31 的操作，完成一圈的造型。

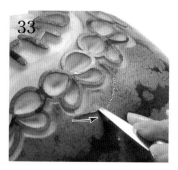

33 从蝴蝶结下方的外侧倾斜下刀，刻 1 个圆弧，形成半圆。

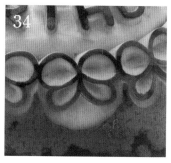

34 去除多余素材后的效果。

35 重复步骤 33 的操作，完成一圈的造型。

36 在半圆的外侧描边，再刻出 1 个圆弧，形成 1 个新的半圆，去除多余的素材。

37 重复步骤 36 的操作，完成一圈的造型，作品完成。

38 俯瞰作品的效果。

生日

桃心串

用红色水果做成桃心串，提升派
对的可爱气氛。

难度	● ○ ○ ○ ○

1

3mm 左右

把苹果切成桃心形。在桃心边缘向内 3mm 左右的位
置垂直下刀，再刻出 1 个小桃心，深度为 3mm。

2

在步骤 1 刻好的小桃心内侧挖 "レ" 形沟。

3

在整个桃心内部挖 "レ" 形沟，去除多余素材。桃心
完成。

4

把切成桃心形的草莓和苹果串在一起，作品就完成了。

生日

蛋糕造型

精雕细刻的蛋糕，夺人眼球。

难度 ●●●○○

1

把 1 个西瓜对半切开。按照图示
的线条，在瓜皮上描出一圈由半
圆组成的弧线。

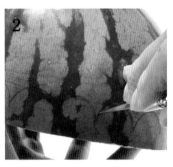

2

用刻刀沿着描好的弧线雕刻一圈，
下刀深度为 5mm。

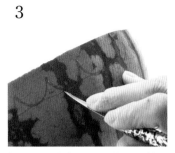

3

把西瓜果肉朝上，在步骤 2 刻好
的线条下面挖"レ"形沟。

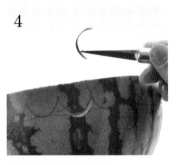

4

去除多余素材后的效果。

5

重复步骤 4 的操作，完成一圈的
造型。

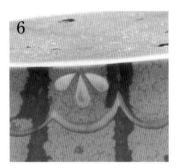

6

在半圆弧线的内侧，雕刻 3 个水
滴形状。

7

重复步骤 6 的操作，完成一圈的
造型。

8

除了水滴和半圆弧线的内侧部分，
把其他部分的瓜皮打薄。

9

瓜皮全部打薄后的效果。

10

用刻刀在水滴造型下方 4cm 左右的位置雕刻一圈，深度为 1cm。

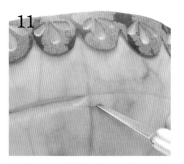

11

在步骤 10 雕刻的线条下挖"レ"形沟。

12

重复步骤 11 的操作，完成一圈的造型。

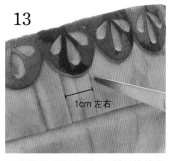

13

在水滴造型和步骤 10 刻好的线条之间刻"V"形沟，深度为 1cm，两条相邻的"V"形沟的间距为 1cm。

14

把切口和尖端修整平滑，做成"手指饼干"的样子。

15

重复步骤 13 和步骤 14 的操作，完成一圈的造型。

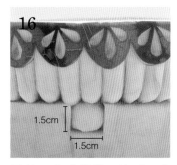

16

用刻刀在手指饼干造型下方 1.5cm 的位置雕刻一圈。然后在手指饼干造型下方的线条和新刻的线条之间刻 1 个正方形，长宽均为 1.5cm，深度为 1cm。把正方形修整平滑。

17

重复步骤 16 的操作，完成一圈的造型。在一圈的小圆屋顶形状上刻 6 个从中心向外辐射的"V"形，看起来就像是涂上了一圈奶油。

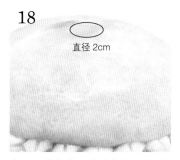

18

在西瓜底部描 1 个直径为 2cm 左右的圆形。

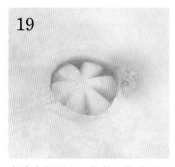

19

去除内部瓜肉，将其也做成小圆屋顶造型。和步骤 17 一样，在上面刻 "V" 形沟，使其看起来就像涂了奶油。

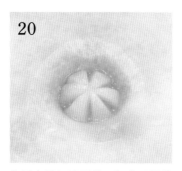

20

为了突显奶油形状，打薄圆圈外围，修整平滑。

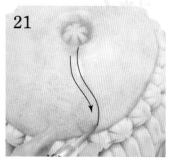

21

倾斜下刀，刻出 "S" 形状，深度为 1.5cm。

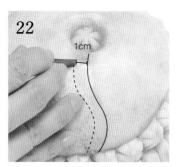

22

在步骤 21 刻好的 "S" 形线条旁边 1cm 处再刻 1 条 "S" 线条。

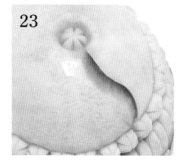

23

去除多余素材后的效果。

24

重复步骤 21 和步骤 22 的操作，完成一圈的 "S" 造型。

25

把用西瓜皮切成的桃心放在上面做装饰，作品就完成了。

西瓜碗

一个西瓜可以变成两个无比可爱的西瓜碗哟!

难度 ● ○ ○ ○ ○

1

把1个西瓜横着一切为二。

2

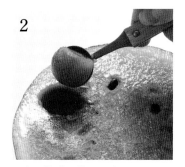

用水果挖球器挖取果肉。

3

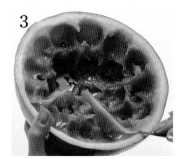

挖到无法再挖时,用刀继续清除内部的果肉。

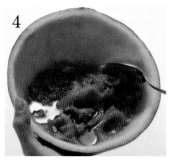

4

用刀清除不到的位置，就用勺子挖干净。

5

去除所有的果肉后的效果。

6

将西瓜皮的边缘 12 等分，刻上 1cm 左右的记号线。在记号线的位置上，从左上向右下刻出左边的 1 刀，再从右上向左下刻出右边的 1 刀，两刀形成 1 个流畅的"V"形。

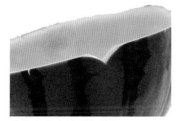

7

去掉多余素材后的效果。

8

重复步骤 6 的操作，完成一圈的造型。

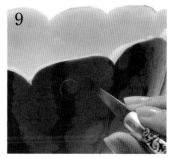

9

在两个相邻"V"形的正中央雕刻 1 个桃心形状。

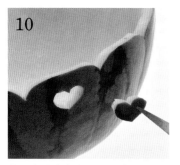

10

镂空去除多余素材后的效果。

11

重复步骤 9 的操作，完成一圈的造型。

12

把步骤 2 挖好的果肉球和步骤 9 切下的桃心以及薄荷叶放入西瓜碗里装饰，作品就完成了。

各种樱桃萝卜作品

樱桃萝卜形态各异，既能提升气氛，又能增加乐趣。

难度 | ● ● ○ ○ ○

1

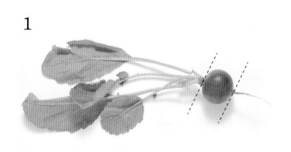

樱桃萝卜去头去根。

2

根部要去除干净，切口处稍微露出一点白色为宜。

3

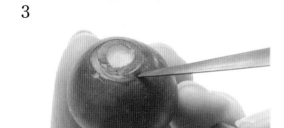

樱桃萝卜① 垂直下刀，刻1个圆圈，深度为3mm。在其外侧倾斜下刀，挖 "レ" 形沟。

4

挖好后的效果。

5

重复步骤 3 的操作，刻第二圈、第三圈……全部刻完后作品就完成了。

6

樱桃萝卜② 先按步骤 1 和步骤 2 操作，然后在侧面从上向下挖"V"形。

7

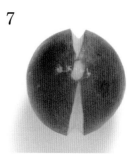

在步骤 6"V"形沟的相对侧再挖 1 条。

8

重复步骤 6 的操作，完成一圈的造型。

9

樱桃萝卜③ 先按步骤 1 和步骤 2 操作，然后描 1 个星星轮廓，倾斜下刀，从各边向中心运刀，切除多余素材。

10

给星星描边，在距离星星边缘 3mm 处下刀，深度为 3mm，然后在其外侧挖"ㄥ"形沟。

11

重复步骤 10 的操作，完成剩下的 4 个造型。

12

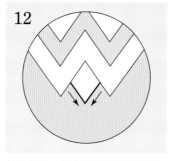

如图所示，在外侧星星两个相邻尖角之间刻 1 个菱形。从 1 条边开始垂直下刀，从右下向左上运刀。

13

在步骤 12 刻好的线条外侧挖"ㄥ"形。

14

菱形雕刻好后的效果。

15

重复步骤 12 和步骤 13 的操作，
完成剩下的 4 个造型，作品就完
成了。

16

樱桃萝卜④ 先按步骤 1 和步骤
2 操作。以萝卜根的切口为中心，
垂直下刀，深度为 5mm，刻出 6
条交叉的线条。

17

在步骤 16 刻好的线条两侧挖 "レ"
形沟。

18

在距离相邻两边的下方大约 2mm
处，刻 1 个四角锥。倾斜下刀，
四角锥每条边的深度为 5mm。

19

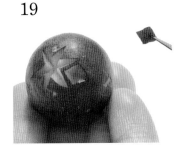

雕刻完 4 条边后的效果。去除多
余的素材。

20

重复步骤 18 和步骤 19 的操作，
完成剩下的 5 个造型。

21

同样方法，留出间距 2mm 左右的
宽度，在步骤 20 刻好的两个相邻
的四角锥之间，刻 1 个更大一点
的四角锥。完成一圈的造型，作
品就完成了。

22

樱桃萝卜⑤ 先按步骤 1 和步骤
2 操作。以萝卜根的切口为中心，
垂直下刀，深度为 5mm，刻出 6
条交叉的线条。在每条线上都刻
出眼睛状造型。

23

重复步骤 22 的操作，完成剩下的
5 个造型。

24

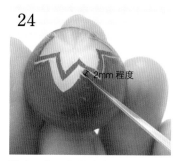

2mm 程度

描边，和原有的轮廓线间距 2mm
左右，下刀深度为 3mm，从外侧
挖 "レ" 形沟。

25

重复步骤 24 的操作，完成一圈的
造型。

26

重复步骤 24 的操作，完成第二圈、
第三圈……直至完成整体。

27

樱桃萝卜⑥ 先按步骤 1 和步骤
2 操作。以萝卜根的切口为中心，
做出 8 等分的记号线。在每条线
上都刻出眼睛状造型。

28

重复步骤 27 的操作，8 个花瓣就
做好了。

29

在第一圈相邻的两个花瓣之间偏
下的位置，继续刻眼睛状造型。
在第二圈两个眼睛状造型的中间，
以第一圈的花瓣为准，如描边般
刻出两条斜线，然后在其下方刻
出眼睛状造型。

30

重复步骤 29 的操作，完成一圈的
造型，第二圈就做好了。

31

在第二圈相邻的两个花瓣之间偏
下的位置，继续刻眼睛状造型。

西葫芦船形盘子

尝试做一个原创的盘子吧，还可以刻上自己喜欢的造型。

难度 ●○○○○

1

把西葫芦竖着切开，一分为二。

2

切开后的横切面。

3

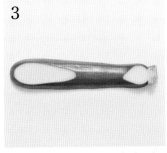

如果西葫芦的形状不是很规则，稍微把底部削平一点，平稳地放在桌子上。

4

画几条曲线，并在曲线上挖"V"形沟。

5

在曲线的外侧，刻几个眼睛状造型。

6

把樱桃萝卜作品放上去，作品就完成了。

155

生日

彩椒碟子

彩椒颜色鲜艳，能更衬托樱桃萝卜作品。

难度　● ○ ○ ○ ○

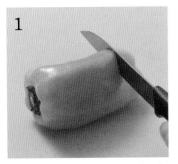

1

切下一段彩椒不带蒂的部分，长度约 2cm。剩下的部分用来做彩椒郁金香（参照 P.72）。

2

切好后的横切面。

3

切除内部连接在一起的部分，腾出空间以便盛放樱桃萝卜作品。

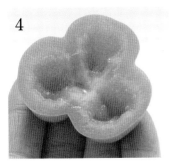

4

把内部清除干净。

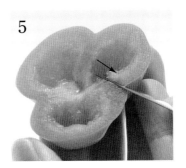

5

在边缘上刻出锯齿线。刻刀倾斜，从左上向右下运刀。

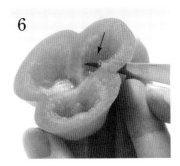

6

紧接着步骤 5 切好的锯齿线，继续倾斜刻刀，从右上向左下运刀。

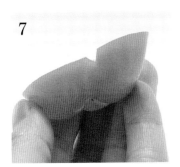

7

1 个锯齿就做好了。为了美观，尽量保持左右两刀的角度、宽度、大小一致。

8

重复步骤 5 和步骤 6 的操作，完成一圈的造型，锯齿花边就做好了。

9

把樱桃萝卜作品和薄荷叶放上去，作品就完成了。

雕刻的魅力

手指食物风格的雕刻作品

在招待客人的餐桌上摆上薄脆饼干，再搭配上这种精巧的雕刻作品。图片上盛放的是樱桃萝卜雕刻作品，如果用来盛放土豆沙拉，也一样很可爱哦。

桃心苹果

茶点时光，把精巧的作品摆到客人面前，一定会收获很多笑容。推荐选用乔纳金或者红宝石甜等全红的苹果品种。

巧妙的季节设计

苹果树和苹果圣诞老人

想不想尝试只用一个苹果就打造出一个圣诞主题呢？仅仅在白色的盘子里摆上几颗苹果圣诞树，欢乐的气氛立刻呈现！

冬南瓜万圣节

如果深挖冬南瓜，显露出来的橙色会很有冲击力。用于雕刻的冬南瓜比万圣节南瓜更易保存，推荐使用！

婚礼

用华丽的西瓜雕刻作品装点婚礼，
无比幸福的时刻被永久记忆。

婚礼组合造型

祝福之美

精巧细致的作品被一个接一个地摆出来，阵容豪华，造型绝美。如此大气的作品，令人不禁发出感叹之声，不论谁看到它都会印象深刻，也必将成为婚礼记忆中的一抹亮色。

使用的蔬菜和水果

西瓜

要点提示

用色

每件作品所露出的红色果肉部分是不同的，这也是其魅力所在。左下方是新娘剪影作品，主体新娘剪影的周围微微发红，像簇拥、环抱着新娘一样。左上是扇子主题作品，同样也有明显的渐变色，一点点露出红色。在安排整体造型的时候，要注意对作品展示出的红色部分进行调节，把握平衡。

蜡烛

在一片昏暗中点亮蜡烛，让整体环境和气氛瞬间优雅、浪漫。玻璃杯中盛着水，浮水烛漂浮其上，烛光摇曳，十分梦幻。不同于在明亮的灯光下展示出的效果，别有一番风情。

透明筒状花瓶

透明的筒状花瓶非常适合用于需要一定高度的装饰，而且透明的质感也不会破坏现场的氛围。可以通过不同的高度和进深打造出豪华炫丽的组合作品！除了正面摆放，也可以将西瓜作品微侧一点，让精致雕刻的侧面也能一展风采。

整体

在最靠后的位置摆放上最高的花瓶，插上一大簇花，花束的正中间选用洁白的花朵。这样可以与新娘的捧花交相呼应，分外显眼。花束的绿叶与西瓜的绿皮错落有致，搭配出一个艺术世界。加上纸制的白色蝴蝶振翅欲飞，简直就是一个梦幻王国。

婚礼上的其他场景

在会场中央设置一棵真实的大树，其郁郁葱葱的绿色之中装点几个西瓜雕刻作品。摆放在西瓜周围和树枝上垂吊的蜡烛烛光摇曳，恍若进入童话世界一般。这个迎客空间极具艺术感，雕刻技巧也用到了极致。

玫瑰迎宾空间

用世界上独一无二的作品来装点婚礼上的迎宾空间。

使用的蔬菜和水果
西瓜

要点提示

欢迎光临

在西瓜上雕刻英文"welcome"（欢迎），最适合用于装饰婚礼的迎宾区。字母和玫瑰花周边有大大小小的蝴蝶结花纹、镂空的桃心、以高超技艺雕刻出的花边，更加体现了女性的可爱特质。

名字和日期

对新婚夫妇而言，这是一个非常值得记念的特别的日子。在这样的日子里，把新郎、新娘两个人的名字和婚礼日期都雕刻在西瓜上的作品也着实为婚礼增色不少。为了保持这款作品的整体设计感统一，在瓜皮上刻上了花纹（由四个眼睛状造型组成），并且在露出红色果肉的地方雕刻了玫瑰花。

玫瑰

如果迎宾空间有限，也可以只摆放两个西瓜作品。一个雕刻"Welcome"（欢迎），一个雕刻新郎、新娘的名字和婚礼日期。这两个作品分别应用了瓜皮的绿色和瓜肉的红色，对比鲜明，同时又都雕刻了统一的玫瑰花造型，搭配和谐。

小配饰

配饰可以选用绿色的简洁造型，和西瓜作品保持一致，同时又能衬托玫瑰花的红艳。花朵、蜡烛、小鸟、小兔子等配饰均为纯白色。这种清新温柔的效果同样适用于户外花园婚礼哦。

婚礼

大朵玫瑰

完美盛开的大朵玫瑰！快来掌握这个技巧吧，在其他作品中也能用上哦！

难度 ●●●●○

1 把西瓜横放，按照图示的线条，在果皮上描1个圆圈作花心，大小差不多是西瓜的半径。沿着描好的线条垂直下刀，深度为2cm。

2 在步骤1刻好的圆圈内侧挖"ㄥ"形沟。

3

在步骤 1 刻好的圆圈外侧倾斜下刀，再挖一圈轮廓，如同将其扩大了一样。

4

首先刻第一片花瓣。按照图示的线条，在圆圈内部的花心边缘上竖着切 1 刀。

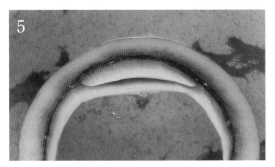

5

把与步骤 4 刻好的线条平行的花心果皮切除一部分，突显出花瓣。

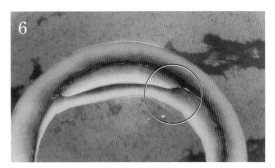

6

因为第二片花瓣是在第一片花瓣的右侧，所以要先把图示中的位置磨圆。

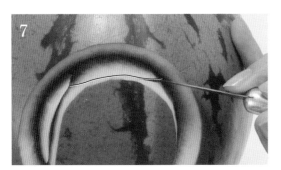

7

接下来雕刻第二片花瓣，要和第一片花瓣稍微重叠。按照图示的线条，在花心部分的边缘竖着切 1 刀。

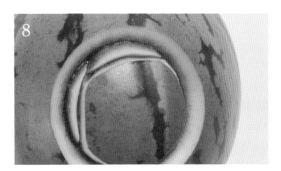

8

把与步骤 7 刻好的线条平行的花心果皮切除一部分，突显出花瓣。

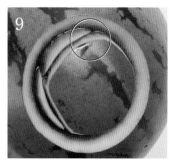

因为第三片花瓣是在第二片花瓣的右侧，所以要先把图示中的位置磨圆。

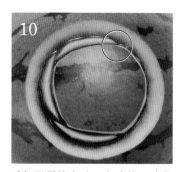

重复同样的方法，完成第三片花瓣。第四片花瓣是在第三片花瓣的右侧，所以要先把图示中的位置磨圆。

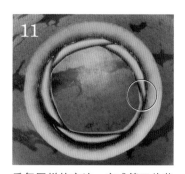

重复同样的方法，完成第四片花瓣。第五片花瓣是在第四片花瓣的右侧，所以要先把图示中的位置磨圆。

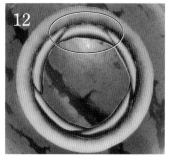

重复同样的方法，完成第五片花瓣。第五片花瓣要在第一片花瓣的下方，稍有重叠。

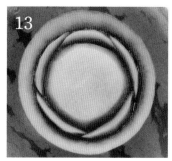

对花心内部切边，做出角度。去掉花心部分的果皮。

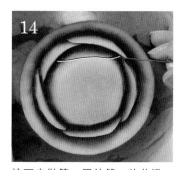

接下来做第二层的第一片花瓣。按照图示线条竖着切1刀，要从第一层的1片花瓣中间切到其右侧花瓣中间偏右一点的位置。

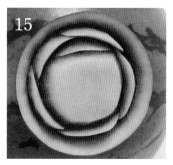

在步骤14切好的线条内侧再斜着切1刀，突显出花瓣。

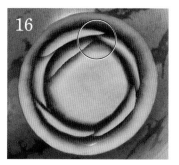

因为第二片花瓣是在第一片花瓣的右侧，所以要先把图示中的位置磨圆。

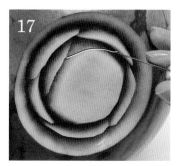

接下来雕刻第二片花瓣，要和第一片花瓣稍微重叠。按照图示的线条，在花心部分的边缘竖着切1刀。

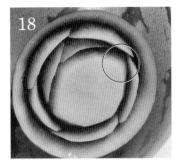

把与步骤 17 刻好的线条平行的花心果皮切除一部分，突显出花瓣。第三片花瓣是在第二片花瓣的右侧，所以要先把图示中的位置磨圆。

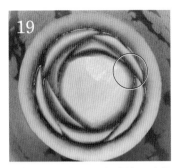

重复同样的方法，完成第三片花瓣。第四片花瓣是在第三片花瓣的右侧，所以要先把图示中的位置磨圆。

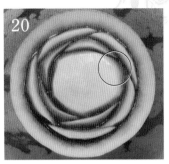

重复同样的方法，完成第四片花瓣。第五片花瓣是在第四片花瓣的右侧，所以要先把图示中的位置磨圆。

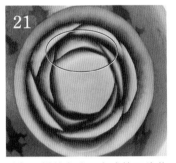

重复同样的方法，完成第五片花瓣。第五片花瓣要在第一片花瓣的下方，稍有重叠。

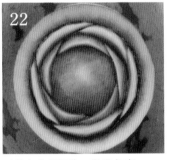

对花心内部切边，做出角度。

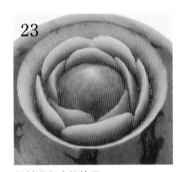

倾斜视角度的效果。

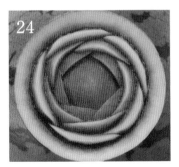

重复同样的方法，完成第三圈的花瓣。

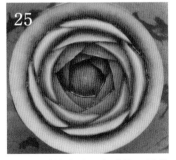

再用同样的方法，完成第四圈的花瓣。

再用同样的方法，完成第五圈的花瓣。

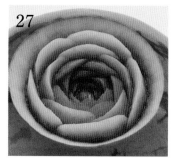

27

倾斜视角度的效果。不断向内精
雕细琢。

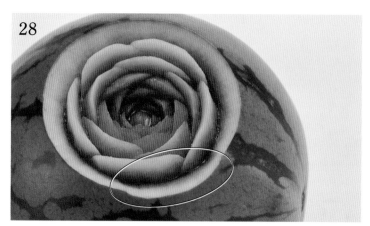

28

接下来做外侧的花瓣。为了让花瓣内侧圆润，要先切1个基础面。从第
一层花瓣中间切到其右侧花瓣中间偏右的位置，切1个平滑的圆弧。此
处要注意，即使削掉了最外侧的瓜皮部分，也不能影响靠里面的花心部
分的深度。

29

按照图示的线条，在基础切割的
位置刻第一片花瓣。

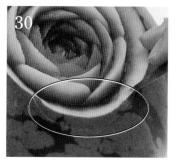

30

在步骤29刻好的线条外侧，从基
础面向外斜切1大刀。

31

切完后的效果。

32

接下来再切1个基础面，在上面
做第二片花瓣。

33

接下来雕刻第二片花瓣，要和第
一片花瓣稍微重叠。按照图示的
线条刻一条线。

34

在步骤33刻好的线条外侧，从基
础面向外斜切1大刀。

切完后的效果。

用同样的方法完成第三片花瓣。

用同样的方法完成第四片花瓣。

用同样的方法完成第五片花瓣。第五片花瓣要和第一片花瓣下端稍有重叠。

接下来雕刻外侧第二层的第一片花瓣。先切两个小山状的基础面。从第一层的一片花瓣中间位置切到其右侧花瓣中间偏右的位置，两个小山之间的山谷位置正好是两片花瓣的重叠处。此处要注意，即使削掉了最外侧的瓜皮部分，也不能影响靠里面的花心部分的深度。

在两个小山中间刻1个小坑，作为1个基础面。

在基础面上刻出第一片花瓣尖角。

在步骤41刻好的基础面上向外斜切1大刀。

切完后的效果。

重复步骤 39 和步骤 40 的操作，把第二片花瓣的基础面刻好。

接下来雕刻第二片花瓣，要和第一片花瓣稍微重叠。在此基础面上刻出花瓣尖角。

在步骤 45 刻好的基础面上向外斜切 1 大刀。

切完后的效果。

用同样的方法完成第三片花瓣。

用同样的方法完成第四片花瓣。

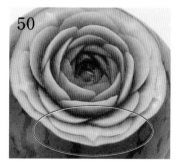

用同样的方法完成第五片花瓣。第五片花瓣要和第一片花瓣下端稍有重叠。

接下来雕刻外侧第三层的第一片花瓣。要注意西瓜的角度，向外多削一点，仿佛花瓣在向外舒展。重复步骤 39 和步骤 40 的操作，切出两个小山。

52

在两个小山中间的小坑位置雕刻
第一片花瓣。

53

在步骤 52 刻好的基础面上向外斜
切 1 大刀。

54

重复步骤 51~53 的操作，完成 5
片花瓣。要注意，第五片花瓣要和
第一片花瓣下端稍微重叠。

55

从侧面看的效果。

56

接下来做外侧第四圈的第一片花
瓣。要注意西瓜的角度，往外多
削一点，如同花瓣在往外舒展。
重复步骤 39 和步骤 40 的操作，
切出两个小山。

57

在两个小山中间的小坑位置雕刻
第一片花瓣。

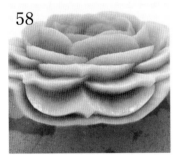

58

在步骤 57 刻好的基础面上向外斜
切 1 大刀。

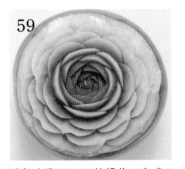

59

重复步骤 56~58 的操作，完成 5
片花瓣。要注意，第五片花瓣要
和第一片花瓣下端稍微重叠。

60

从斜侧面看，花瓣全部雕刻好后
的效果如图。

61

从侧面看的效果。

62

把最外侧修整平滑。

63

在步骤62修整好的最外侧圆周上刻"V"形沟。在花瓣之间倾斜下刀，从左上向右下运刀。

64

紧接着步骤63刻好的线条，继续倾斜下刀，从右上向左下运刀。

65

去除多余素材后的效果。

66

在步骤65刻好的"V"形沟左右两侧各挖2个"V"形沟，保持一定的间距，完成一组造型。

67

在剩下的4个位置上各刻一组"V"形沟，作品就完成了。

婚礼

婚礼祝福西瓜

在一朵朵玫瑰花上，"Happy Wedding"的字样呼之欲出，
十分浪漫。

| 难度 | ●●●●● |

1

把西瓜横放，贴上纸制的字模。按照图示的线条，描
1个环绕字模的大圆圈。沿着描好的圆周，垂直下刀
刻线。

2

按照字模垂直下刀，把字母的轮廓全部雕刻出来。如
果字母中间有空心，先从空心的部分开始雕刻，然后
在字母的外侧挖"レ"形沟。去除步骤1刻好的圆圈
和字母之间的果皮，在圆周外侧2cm的位置再刻1
个圆。

3

在圆周上每隔1cm做1个记号线。

4

在步骤3刻好的记号线上刻"V"形，方法是刻刀从左上向右下运刀，再从右上向左下运刀。刻完圆周上所有的记号线后，相邻桃心的侧面曲线就做好了。

5

在步骤4刻好的每条曲线中间刻"V"形，方法是刻刀从左上向右下运刀，再从右上向左下运刀，完成整个圆周后，桃心的曲线就做好了。

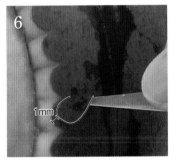

6

在瓜皮外侧距离刻好的边缘线1mm处刻桃心。从桃心中心开始运刀，先刻桃心的左半边。

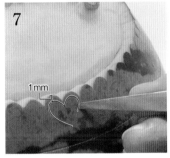

7

接下来刻桃心的右半边，仍然是距离边缘线1mm。

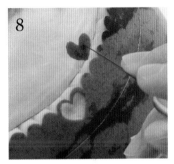

8

去除多余素材后的效果。

9

重复步骤6和步骤7的操作，刻一圈桃心。

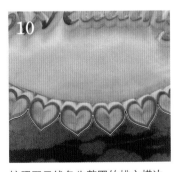

10

按照图示线条为整圈的桃心描边。

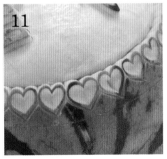

11

在步骤10刻好的边缘线外侧挖"レ"形沟。

按照图示的线条，在两个相邻的桃心下端刻倒立的桃心轮廓线。

在步骤12刻好的倒立桃心周围切除瓜皮，突显桃心的立体感。

再往下部刻1个圆周。

把步骤14刻好的圆周和倒立桃心之间的瓜皮全部切除。

去皮后修整平滑。

在步骤16去皮的部分倾斜下刀，刻出流畅的"S"形。

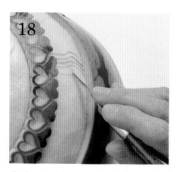

在步骤17刻好的"S"形前面倾斜下刀，把其下面打薄一点。

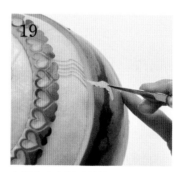

去掉多余素材后的效果。

重复步骤17~19的操作，完成一圈的造型。为了保持"S"形的美观，要注意保持其角度和宽度一致。

21

22

在"Happy"和"Wedding"之间空白部分的中心位置刻1朵玫瑰（玫瑰的雕刻方法参考 P.164 大朵玫瑰）。之后在旁边再刻1朵，此处玫瑰的花心要和中心的玫瑰稍有重叠。注意，为了不影响到刻字，不要雕刻文字下方的瓜肉。重点是沿着文字轮廓垂直下刀，刻出花瓣相连的效果。

步骤 21 提到的重点效果如图。每个字母下面的瓜肉都完整地保留着，文字不受影响。

23

24

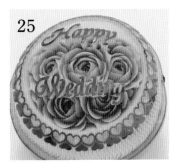

25

在步骤 21 刻好的玫瑰右侧再刻 1朵玫瑰，两朵玫瑰的花瓣重叠在一起。

在步骤 21 刻好的玫瑰左侧也刻 1朵玫瑰，两朵玫瑰的花瓣重叠在一起。

同样，在"Wedding"的下方也雕刻两朵玫瑰。

26

在"Happy"的上方雕刻两朵玫瑰，营造出花团锦簇的效果，作品就完成了。

婚礼

姓名缩写

在西瓜上刻上新郎、新娘的姓名缩写，打造世界上独一无二的作品。

难度 ●●●●●

1

把西瓜横放，按照图示的线条，描1个大圆圈，线条要浅一点，因为之后还要雕刻桃心。在圆圈的右上处贴纸制的姓名缩写字模。

2

按照字模垂直下刀，把字母的轮廓全部雕刻出来。如果字母有空心，先从空心的部分开始雕刻。然后在字母的外侧挖"レ"形沟。

3

除圆周上的桃心部分外，去除圆圈内部的瓜皮。然后描画桃心。

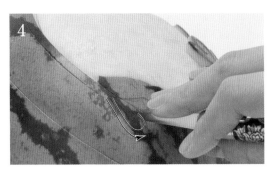

4

接下来刻桃心。就像雕刻水滴形一样，逆时针运刀，刻出桃心的一半。

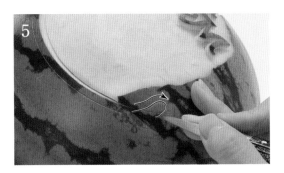

5

另一侧顺时针运刀，刻出桃心的另一半。

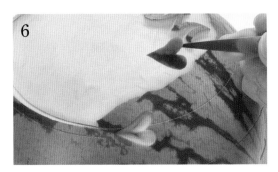

6

去除多余素材后的效果。

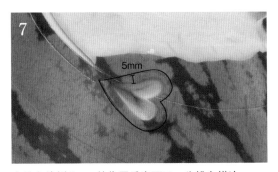

7

5mm

在桃心外侧 5mm 的位置垂直下刀，为桃心描边。

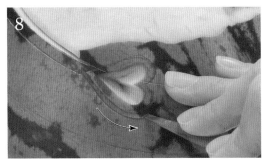

8

在步骤 7 刻好的轮廓线外侧挖"レ"形沟。

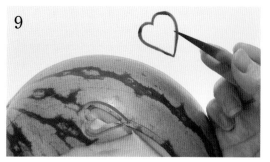

9

去除多余素材后的效果。

10

重复步骤 4~8 的操作，在左侧圆周上刻 3 个桃心，右侧圆周上刻 5 个桃心。

11

宽 5mm

宽 5mm

在去除瓜皮的圆周外侧 5mm 处各描两条圆周线，就像把左右两侧的桃心都串起来了一样。然后在这个圆周线上挖"レ"形沟。

12

把圆周内的瓜皮清除干净，至桃心的轮廓位置。

13

在圆圈内部左下位置雕刻 1 朵玫瑰花（玫瑰的雕刻方法参考 P.164 大朵玫瑰）。

14

在步骤 13 刻好的玫瑰花右侧再雕刻 1 朵玫瑰，两朵玫瑰的花瓣有所重叠。

15

同样，在步骤 13 刻好的玫瑰花左侧雕刻 1 朵玫瑰，花瓣也要有所重叠。

16

把玫瑰花周边修整平滑。按照图示的线条，在圆圈外侧挖 1 条深度为 1cm 的圆周。

17

把步骤 16 刻好的圆周和桃心所在的圆周之间的瓜皮去掉。

18

将瓜皮清除干净，整修平滑。

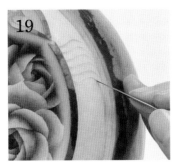

19

在步骤 18 切除了瓜皮的位置倾斜下刀，刻出流畅的"S"形。

20

在步骤 19 刻好的"S"形前面倾斜下刀，把其下面打薄一点。

21

重复步骤 20 的操作，完成一圈的造型。为了保持"S"形的美观，注意要保持其角度和宽度一致。

22

在"S"形的下面刻"V"形，做成锯齿花边。为了使锯齿花边更美观，要尽量保持左右角度、宽度、大小的一致。

23

完成一圈的锯齿状花边后，作品就完成了。

婚礼

迎宾西瓜

热烈欢迎婚礼的来宾，向他们表达深深的谢意吧。

难度 ●●●●●

1

7mm

7mm

把西瓜横放，贴上纸制的字模。按照图示的线条，描1个大圆圈，并在文字上方和下方各刻两条间距为7mm的线。

2

按照字模垂直下刀，把字母的轮廓全部雕刻出来。如果字母有空心，先从空心的部分开始雕刻，然后在字母的外侧挖"レ"形沟。将上下各两条线围住的文字部分中多余的瓜皮去除。

3

把圆周内上下两条线和圆周之间的瓜皮也去除。

4

2mm

接下来要把文字上下的两条线刻成蝴蝶结的花边。两条线之间挖"V"形沟，两个相邻的"V"形沟的间距为2cm。圆周上也都等间距地刻上流畅的"V"形。

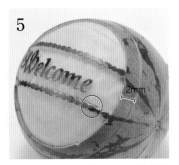

5

2mm

把两条线之间的每段2cm的中间部分雕刻成圆形，作为蝴蝶结的结心。在整个圆圈的外侧2cm处刻1条圆周，然后在圆周外侧挖"レ"形沟。

6

把整个圆周雕刻成蝴蝶结的轮廓。

7

在蝴蝶结的结心左右分别雕刻出水滴形状，去除瓜皮。

8

重复步骤7的操作，完成上下两条蝴蝶结的花边。

9

重复步骤7的操作，把整个圆周也做成蝴蝶结花边。

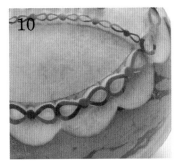

10

在圆周蝴蝶结的下方切除瓜皮，刻成平滑的"U"形。

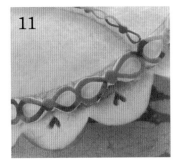

11

在步骤10刻好的"U"形正中间刻上倒立的桃心形状。

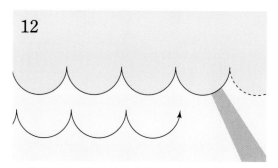

12

在"U"形内侧刻小小的波浪线。刻刀向右下运刀，刻出1个半圆，然后稍微改变一下刻刀刀尖的角度，再刻出1个半圆。重复这个操作，连续地刻出"U"形，使其形成1条波浪线。

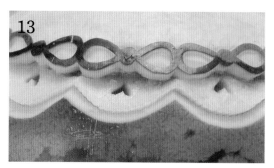

13

放平刻刀，在步骤12刻好的波浪线下方再刻1条波浪线。

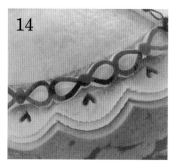

14

在步骤13刻好的基础面上，重复步骤12和步骤13的操作，然后在其外侧继续刻波浪线，将下方打薄。

15

在字母下方的半圆内部刻1朵玫瑰（玫瑰的雕刻方法参考P.164大朵玫瑰）。

16

在步骤15雕刻的玫瑰右侧再雕刻1朵玫瑰，两朵玫瑰的花瓣有所重叠。

17

在半圆内刻满玫瑰。

18

在字母上方的半圆内部也刻满玫瑰。

19

在圆周外侧再追加一层波浪线。也可以根据整体平衡，按自己的喜好进行追加。

婚礼

两人姓名刻字

格子里的玫瑰花夺人眼球，极具冲击力。再给这个特别
的日子增添一抹华丽吧！

难度 ●●●●●

1

把西瓜横放，按照图示的线条描出两个圆圈。在两个
圆圈之间贴上纸制的字模。

2

按照字模垂直下刀，把字母的轮廓全都雕刻出来。如
果字母有空心，先从空心的部分开始雕刻，然后在字
母的外侧挖"レ"形沟。保留两个圆圈之间文字部分
的瓜皮，其余部分全都去除。

3

按照图示的线条，在中心瓜皮上刻格子线，深度为2cm。注意，格子线和瓜皮边缘之间要留出5mm左右的距离。

4

有间隔地保留一部分方格的果皮，另一部分去皮，把果肉修整一下，变成圆屋顶形状。

5

在圆屋顶形状上雕刻玫瑰（玫瑰的雕刻方法参考P.164大朵玫瑰）。第一层雕刻4片花瓣。

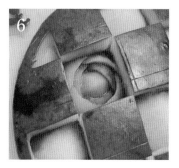

6

第二层雕刻3片花瓣。

7

第三层和第四层的花瓣越来越深陷。1朵玫瑰就刻好了。

8

把所有的圆屋顶形状都刻上玫瑰。

9

在保留瓜皮的部分雕刻出4个眼睛状造型。

10

把所有保留了瓜皮的方格都雕刻出眼睛状造型。

11

在圆圈的最外侧5mm处再刻1个圆周。

12

在步骤11刻好的圆周外侧挖"レ"形沟。

13

4cm

在其外侧4cm的下端再刻1条圆周，并在外侧挖"レ"形沟。

14

2017.6.10

3cm

3cm

在步骤13完成的宽度4cm的圆环上，以3cm为间距，穿插着雕刻正方形，深度为2cm，中间露出的瓜肉部分雕刻成圆屋顶形。

15

按照步骤5~7的操作，把一圈的圆屋顶形都雕刻成玫瑰。

16

玫瑰之间保留瓜皮的部分雕刻4个眼睛状组成的造型。

17

2017.6.10

在这一圈保留瓜皮的方块上全部雕刻出眼睛状的造型。

18

2017.6.10

在名字和日期外侧5mm的圆周上雕刻小小的四角锥，去除多余的素材，作品就完成了。

婚礼

新娘剪影

在桃心装点下，新娘剪影更显魅力。

难度 ●●●●○

把西瓜竖放，贴上剪影的纸模。按照图示的线条，描1个大圆圈，包围剪影。

从纸模上垂直下刀，刻出剪影轮廓，然后在轮廓外侧挖"レ"形，去除剪影以外、圆圈以内的所有瓜皮。

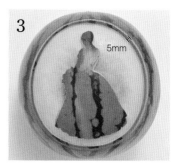

在圆圈外侧5mm处刻1个大圆，在大圆外侧挖"レ"形沟。

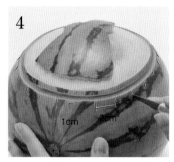

4

在步骤 3 刻好的圆周外侧，以 2cm 为间距，等间距做记号线，记号线深度为 1cm。

5

在步骤 4 做好的记号线上，从左上向右下刻平滑的"V"形。

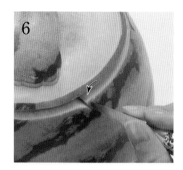

6

相反方向则是从右上向左下刻"V"形。

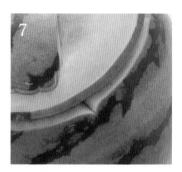

7

刻好后的效果。

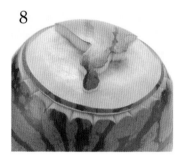

8

重复步骤 5 和步骤 6 的操作，完成一圈的造型。

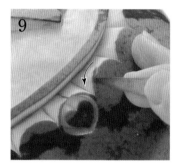

9

如图所示，开始雕刻桃心。从曲线中央部分向左下深深地刻 1 刀，为曲线描边。

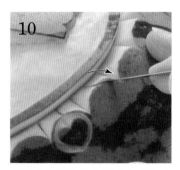

10

相反方向则是从曲线中央部分向右下深深地刻 1 刀，为曲线描边，深度为 1cm。

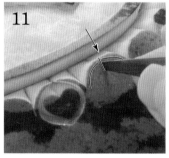

11

从中间向下刻 1 刀，深度为 1cm，直达桃心凹陷的中心位置。

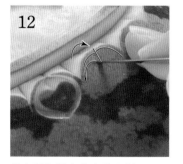

12

从左侧向桃心中心位置刻 1 刀，刻出桃心左上部分的轮廓线。

从中心位置向右侧刻 1 刀，刻出桃心右上部分的轮廓线。

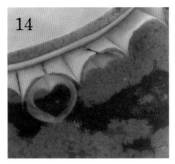

去除步骤 9~13 多余素材后的效果。

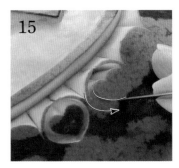

刻出桃心左下部分的轮廓线，深度为 1cm。

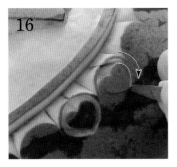

右侧则是刻出桃心右下部分的轮廓线，深度为 1cm。

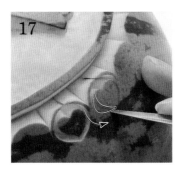

在步骤 15 刻好的轮廓线外侧挖"レ"形沟。如图所示，要带一点弧度。

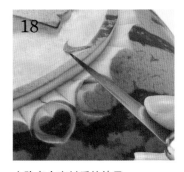

去除多余素材后的效果。

右侧相同操作，在步骤 16 刻好的轮廓线外侧挖"レ"形。如图所示，要带一点弧度。

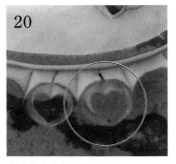

去除多余素材后的效果。

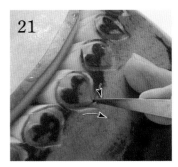

在桃心下端刻"V"形，形成桃心的尖端。

22

重复步骤 9~21 的操作，完成一圈的造型。

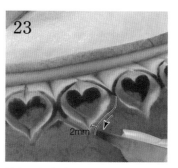

23

2mm

从包围桃心的部分往下 2mm 处向左下刻出 1 条曲线。

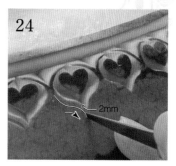

24

2mm

左侧也做同样处理。

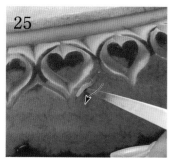

25

在步骤 23 刻好的线条外侧挖"レ"形沟。

26

去除多余素材后的效果。

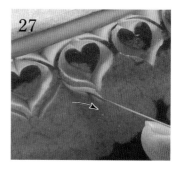

27

在步骤 24 刻好的线条下端挖"レ"形沟。

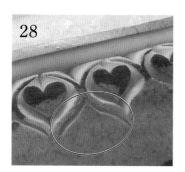

28

去除多余素材后的效果。

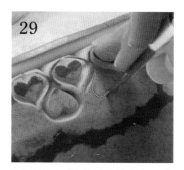

29

如图所示，雕刻倒立的桃心。在步骤 28 完成的两条边之间，雕刻1 个倒立的桃心轮廓。

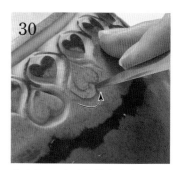

30

在步骤 29 完成的轮廓线外侧，从桃心的左外侧挖"レ"形沟。

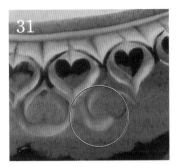

去除多余素材后的效果。

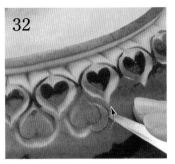

在步骤 29 完成的轮廓线外侧，从桃心的右外侧挖"レ"形沟。

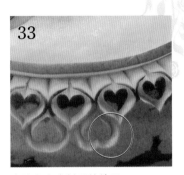

去除多余素材后的效果。

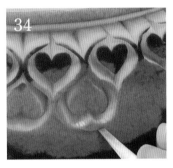

修整其下面的部分，刻出圆润的感觉。

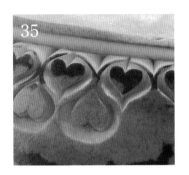

去除多余素材后的效果。

重复步骤 23~35 的操作，完成一圈的造型。

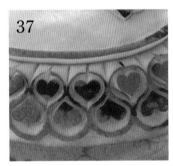

对修整圆润的部分描边。在其下面再刻一圈圆周，把这个圆周和倒立桃心之间多余的素材去除干净。

在剪影旁边雕刻几个桃心，作品就完成了。

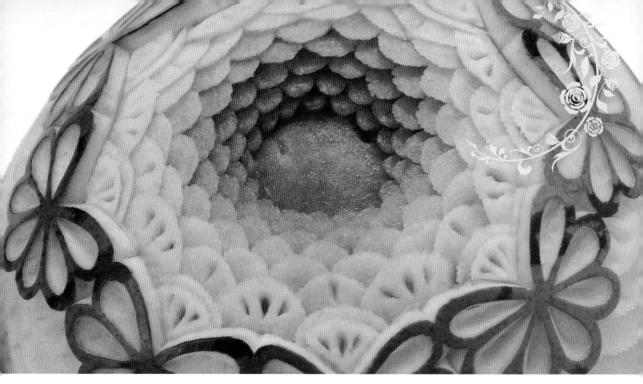

婚礼

扇形主题

扇形主题的雕刻特点是精心细致,但呈现出的效果令人惊叹,拥有美轮美奂的层次感。

难度 ●●●●●

1

把西瓜横放,按照图示的线条,描1个大圆。在大圆外侧刻8等分的记号,并用曲线把这些记号连接起来,曲线最凹陷的地方要和圆周相交。然后按照这些线条垂直下刀,刻出深度为1cm的线条。

2

在步骤1刻好的线条内侧挖"ㄣ"形沟。

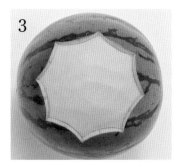

去除中心的瓜皮。

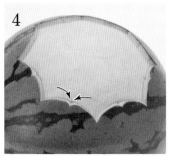

在每条曲线的中心位置刻"V"形。顺序为先从左上向右下运刀，再从右上向左下运刀。

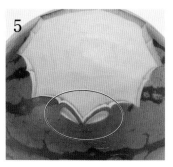

如图所示，在外侧深深的沟壑处刻两个水滴形状，稍微保留一点果皮。

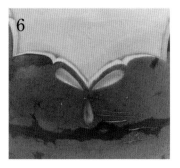

在两个水滴形状顶点的下端再刻1个水滴形状。

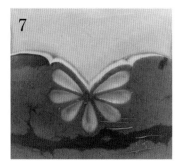

在左右的空白处再刻4个水滴形状。

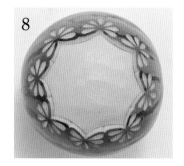

重复步骤4~7的操作，完成一圈的造型。

在相邻的造型之间雕刻四角锥。刻刀倾斜地刻出每一条边，挖除中央的多余素材。重复该步骤，完成一圈的造型。

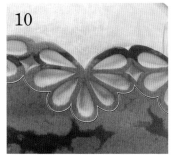

按照图示的线条，给水滴造型描边，刻上一圈线条。

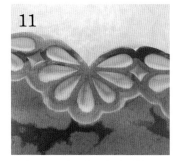

在步骤10刻好的线条外侧挖"レ"形沟。

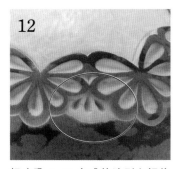

12

把步骤 4~11 完成的造型之间修整平滑。在修整的部分上方刻 3 个水滴形状。重复该步骤，完成一圈的造型。

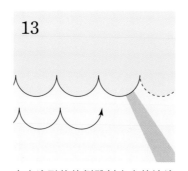

13

在水滴形状外侧雕刻小小的波浪线。刻刀向右下运刀，刻出 1 个半圆，然后稍微改变一下刻刀刀尖的角度，再刻出另一个半圆。重复这个操作，连续地刻出包围着水滴的扇形造型，使其形成 1 条波浪线。

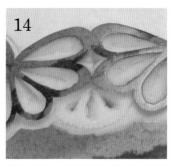

14

重复步骤 13 的操作，完成一圈波浪线。

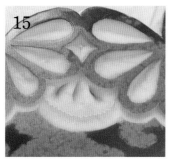

15

把刻刀再倾斜一点，在步骤 13 刻好的波浪线下面再刻一圈。

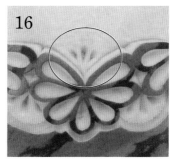

16

在上面的水滴造型凹陷部分刻 3 个水滴形状。

17

参考步骤 13，在水滴外侧刻上扇形的曲线。

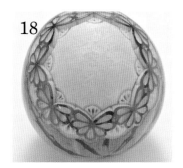

18

倾斜刻刀，把步骤 17 刻好的波浪线下方打薄。重复该步骤，完成一圈的造型。

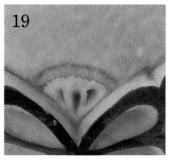

19

参考步骤 13，在外侧再刻一层扇形边缘。

20

倾斜刻刀，把步骤 19 刻好的波浪线下方打薄。重复该步骤，完成一圈的造型。

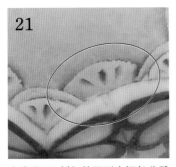

在步骤 20 刻好的图形中间部分雕刻 3 个水滴形状。参考步骤 13 的操作，在水滴外侧雕刻扇形边缘线。倾斜刻刀，把边缘线下方打薄。

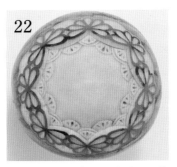

重复步骤 21 的操作，完成一圈的造型。

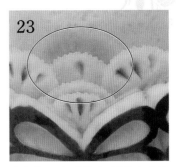

在步骤 22 完成的造型中间部分雕刻 1 个水滴形状。参考步骤 13 的操作，在水滴外侧雕刻扇形边缘线。倾斜刻刀，把边缘线下方打薄。

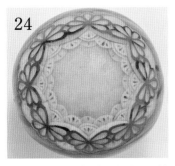

重复步骤 23 的操作，完成一圈的造型。

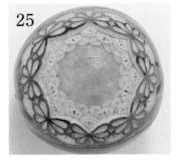

参考步骤 13 的操作，在步骤 24 完成的造型中间部分雕刻扇形边缘线。倾斜刻刀，把边缘线下方打薄。重复该步骤，完成一圈的造型。因为从外往内不断深陷，所以持续刻到能看见浅浅的一层红色果肉即可。

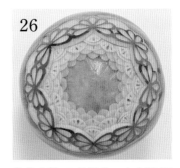

参考步骤 13 的操作，在步骤 25 完成的造型中间部分雕刻扇形边缘线。倾斜刻刀，把边缘线下方打薄。重复该步骤，完成一圈的造型。

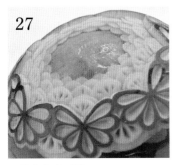

从其他角度看效果。

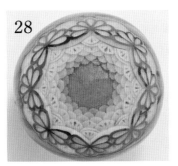

重复步骤 26 的操作，再完成一圈的造型。

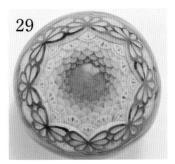

重复步骤 26 的操作，继续完成一圈的造型。

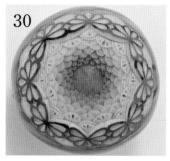

30

重复步骤 26 的操作，再完成一圈的造型。越深入到果肉部分，扇形就越小。

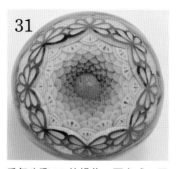

31

重复步骤 26 的操作，再完成一圈的造型。如果能看到西瓜的果核了，就暂时可以停止雕刻了。

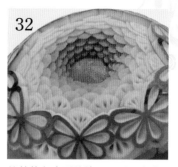

32

从其他角度看的效果。可以看到，扇形层已经越来越深入果核，此时内部的雕刻就完成了。

33

继续在西瓜的外侧雕刻花纹，把扇形边线继续往外扩展。参考步骤 13 的操作，雕刻扇形边线，倾斜刻刀，把边线下面打薄。

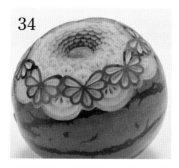

34

重复步骤 33 的操作，完成一圈的造型。

35

把步骤 34 刻好的边线继续往外扩展。参考步骤 13 的操作，雕刻扇形边线，倾斜刻刀，把边线下面打薄。

36

重复步骤 35 的操作，完成一圈的造型。

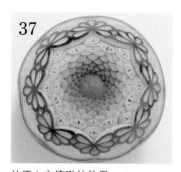

37

从正上方俯瞰的效果。

山田梨绘和 Hitomi 的蔬果雕刻艺术展

下面为大家介绍用精湛技艺和丰富经验打造出的精美作品。

西瓜雕刻作品

很多学习水果雕刻的人都会在某一天开始雕刻西瓜。和绿色的瓜皮搏斗一番之后，白色和红色就会呈现在眼前。西瓜作品强大的感染力会让观赏者不禁发出的感叹之声，这也是所有雕刻者最欣慰的时刻，因为自己所付出的时间和心血都是值得的。

迎宾西瓜

迎接来宾之际，可以尝试在入口摆放一个迎宾西瓜作品，这样一定会引发大家交流的兴趣。注意，如果作品的红色果肉露出较多，比较容易损坏，不易长期保存，所以尽量不要露出红色果肉。

大胆尝试西瓜红色果肉的设计

如果觉得雕刻玫瑰比较难，但是又很想露出大量的红色果肉，该怎么办呢？我推荐大胆使用有深度的切割，即便不是非常细致的雕刻作品，也能带来华丽的感觉，这就是西瓜的魅力之一。

随心随欲的设计

经常有人在雕刻西瓜作品的时候提出
"不知道该从哪里开始雕刻"的问题。
其实我们可以设计好后再雕刻，也可
以一边雕刻一边设计，各有各的乐趣。

重复细密的造型

蔬果雕刻是一种手工技艺，重复练习是必不可少的，特别是对同一个组图要进行反复雕刻，同样的大小、同样的形状、同样的厚度、同样的深度……完成这样相同的造型需要很强的注意力和耐力。此款细密的造型就是 Hitomi 作品的魅力所在。

对喜欢的主题进行组合

Hitomi 的西瓜作品中组合了很多桃心、蝴蝶结、玫瑰等元素。因为选用的是黑皮西瓜，所以作品的刻线非常清晰，让人印象深刻。

森林中的西瓜碗
把精雕细琢的西瓜作品作为礼物赠送给朋友，常常会听到"这么精美，吃了太浪费了"的话语。

香皂雕刻作品

如果想把精雕细琢的作品保留下来，建议您可以试试香皂雕刻。不仅容易保存，还能充分享受到香皂的芬芳气息。作品在避光处不会褪色，可以长期保存欣赏。与蔬果雕刻相比，皂雕刻的细腻别有一番风味。

幸福满满的礼物盒
把一个铺满香皂雕刻鲜花的礼物盒赠送给人，在打开盒子的一瞬间，收到礼物的人一定会感到幸福满满。

打造奢华的宝石箱
不光是箱子里的花朵，箱子本身也是用香皂雕刻而成的。香味四溢，非常适合摆放在玄关或者客厅。

用深雕来展现阴影之美

在直径为 7cm 左右的香皂上精细雕刻。使用和蔬果雕刻同样的刻刀，在纯色的香皂上通过深雕来展现阴影之美。

精致可爱的婚纱

把康乃馨干花花瓣一片片地粘贴成婚纱裙，再用香皂雕刻的迷你康乃馨加以点缀。

婚礼蛋糕

蛋糕周边的小白花也是用香皂雕刻而成的。

几何学花纹的浮雕

这两朵大花不是后来贴上去的，而是作为一个整体在香皂上雕刻出来的。这个作品的中心和周边部分很适合用来练习基础技巧。通过不断练习，充分掌握技巧之后，可以一边设计一边雕刻，也是一大乐趣哦。

山田 梨绘（Rie Yamada）

雕刻家。雕刻教室"Atelier RIN"负责人。

2004 年开始学习雕刻技术、设计基础。之后，为了进一步磨砺技艺、提高眼界，特赴雕刻之国——泰国学习雕刻方法、风韵、搭配、展示等知识，提高自身的艺术水平。2013 年，在日本开办了雕刻教室"Atelier RIN"，教授雕刻艺术、收集雕刻作品、创新设计，培养优秀的雕刻师和讲师。著作有《香皂雕刻教科书》《花之香皂雕刻》（日本诚文堂新光社）。

Hitomi Yamada

雕刻家。雕刻教室"Atelier RIN"讲师。

与本书作者山田女士一起完成本书雕刻作品的设计、制作。擅长细腻风格的雕刻，即使是在手掌大小的香皂上，也能雕刻出精细的作品，刀法流畅完美。作为雕刻教室"Atelier RIN"的讲师，除了向学员们传授雕刻技艺之外，更多传递的是专注雕刻艺术的幸福感和成就感。

作品制作的协作者（Atelier RIN）

赤井义则	Akasabi Miyuki	池田真子	岩田千晶
大村舞	柿本薰	坂田泰子	Shigeta Yukari
杉山静香	Setoyama Branislava	平爱子	高吉正人
田中成和	Danno Izumi	蝶野凉子	寺井圭子
滩井美起	马场智子	村西惠	

日本原版图书工作人员

策划：山田梨绘

编辑：木下绘美（ALPHA CREATE 株式会社）
　　　松井真奈美（ALPHA CREATE 株式会社）

装帧、设计：木下绘美（ALPHA CREATE 株式会社）

摄影：永野伸也（ALPHA CREATE 株式会社）　山田梨绘

特约编辑：泽田充代　山田梨绘

编辑助理、照片整理：中川 照也

作品设计助理：Yamada Hitomi

图书在版编目（ＣＩＰ）数据

果蔬雕刻技法大全 / (日) 山田梨绘著；曾秀娟译
. -- 北京：中国民族摄影艺术出版社，2018.9
　　ISBN 978-7-5122-1087-5

　　Ⅰ.①果… Ⅱ.①山… ②曾… Ⅲ.①水果 – 食品雕
刻②蔬菜 – 食品雕刻 Ⅳ.①TS972.114

中国版本图书馆CIP数据核字(2018)第162019号

TITLE：〔Fruits Carving no Kyokasho〕
BY：〔Rie Yamada〕
Copyright © 2017, Rie Yamada.
Original Japanese language edition published by Seibundo Shinkosha Publishing Co., Ltd.
All rights reserved. No part of this book may be reproduced in any form without the written permission of the publisher.
Chinese translation rights arranged with Seibundo Shinkosha Publishing CO.,LTD., Tokyo through NIPPAN IPS Co.,Ltd.

本书由日本株式会社诚文堂新光社授权北京书中缘图书有限公司出品并由中国民族摄影艺术出版社在中国范围内独家出版本书中文简体字版本。
著作权合同登记号：01-2018-2318

策划制作：北京书锦缘咨询有限公司（www.booklink.com.cn）
总 策 划：陈　庆
策　 　划：李　伟
设计制作：王　青

书　　名：果蔬雕刻技法大全
作　　者：〔日〕山田梨绘
译　　者：曾秀娟
责　　编：陈　溪
出　　版：中国民族摄影艺术出版社
地　　址：北京东城区和平里北街14号（100013）
发　　行：010-64211754　84250639　64906396
印　　刷：北京华联印刷有限公司
开　　本：1/16　185mm×247mm
印　　张：13
字　　数：87千字
版　　次：2018年9月第1版第1次印刷
ISBN 9/8-7-5122-1087-5
定　　价：118.00元